本书获得以下资助

云南省林业科技创新项目"云南核桃主要病虫害种类及危害
云南省林业科技创新项目"云南核桃枝干害虫发生规律与控

核桃主要害虫
原色图鉴及绿色防控

杨 斌 张新民 赵 宁 泽桑梓 等 著

科学出版社

北 京

内 容 简 介

　　本书是在对核桃主产区的核桃害虫进行系统研究的基础上完成的，主要介绍核桃害虫的种类、天敌昆虫的种类和绿色防控技术。全书共分三个部分：第一部分主要从形态分类学特征入手，对采集到的核桃林有害昆虫进行分类鉴定，鉴定出核桃害虫93种，隶属3目27科80属，并配以有害生物形态、危害特征图，详细阐述有害昆虫的主要鉴别特征、分布、寄主、发生危害规律；第二部分介绍在核桃林中采集到的天敌昆虫17种，隶属于2科13属，每一种昆虫均有对应的彩色图版；第三部分从核桃害虫的危害特征入手，对核桃害虫的绿色防控技术进行阐述。

　　本书内容丰富，结构清晰，图文并茂，可以作为科研单位、林业生产部门的科技人员和核桃种植户的工具书。

图书在版编目（CIP）数据

核桃主要害虫原色图鉴及绿色防控 / 杨斌等著. — 北京：科学出版社，2020.4
ISBN 978-7-03-061838-2

Ⅰ. ①核… Ⅱ. ①杨… Ⅲ. ①核桃－病虫害防治 Ⅳ. ①S436.64

中国版本图书馆CIP数据核字(2019)第142432号

责任编辑：李小锐 / 责任校对：彭　映
责任印制：罗　科 / 封面设计：墨创文化

科 学 出 版 社 出版

北京东黄城根北街16号
邮政编码：100717
http://www.sciencep.com

成都锦瑞印刷有限责任公司 印刷
科学出版社发行　各地新华书店经销

*

2020年4月第 一 版　　　　开本：B5（720×1000）
2020年4月第一次印刷　　　　印张：12
字数：240 000

定价：88.00元
（如有印装质量问题，我社负责调换）

《核桃主要害虫原色图鉴及绿色防控》
编写组成员

杨　斌（西南林业大学）

张新民（西南林业大学）

赵　宁（西南林业大学）

泽桑梓（云南省林业和草原有害生物防治检疫局）

冯小飞（西南林业大学）

刘　凌（云南省林业和草原科学院）

季　梅（云南省林业和草原科学院）

杨　倩（云南省林业和草原科学院）

杨建华（云南省林业和草原科学院）

李宗波（西南林业大学）

前　言

　　核桃又称胡桃，富含蛋白质、脂肪、纤维素、维生素等营养物质。我国中医认为核桃有"补五脏、益气力、强筋骨、健脑髓"的作用。主要原因可能与核桃含有较高的不饱和脂肪酸（亚油酸、亚麻酸等）有关，这些不饱和脂肪酸可提高脑功能。同时，核桃含有的维生素、卵磷脂对治疗失眠、松弛脑神经紧张、消除大脑疲劳也有较好的效果。20世纪90年代以来，美国科学家通过营养学和病理学研究认为，核桃对于心血管疾病、Ⅱ型糖尿病、癌症和神经系统疾病均有一定的康复治疗和预防效果，美国加利福尼亚核桃委员会将核桃称为"21世纪的超级食品"。

　　正因为核桃有较高的营养价值，所以广受人们的喜爱。核桃在我国也有上千年的栽培历史，不少地方山区农民都有在庭院、房前屋后栽培核桃的习惯。近年来由于退耕还林和扶贫、脱贫政策的实施，核桃作为一种兼具生态和经济效益的树种得到广泛的推广和应用。云南是集山区、民族、贫困为一体的省份，更是将核桃作为脱贫增收的产业大力发展。最近20年是云南省核桃发展的高峰期。截至2018年，云南省核桃种植面积达4300万亩，迄今为止，云南核桃种植面积、产量和产值均居全国第一，核桃产业已成为云南省覆盖面最广、惠及群众最多、持续发展潜力最大的高原特色产业之一。但由于大面积集中连片种植，加上管理粗放，近年来，云南核桃有害生物的发生越来越严重，发生面积已超过 160 万亩，其中，病害发生面积超过 65 万亩，虫害发生面积超过 100 万亩。有害生物的严重发生已成为制约核桃产业健康发展的重要因子之一，但是，至今尚未对核桃有害生物开展系统调查和研究。

西南林业大学森林灾害预警与控制重点实验室科研团队经过多年研究，查明在云南核桃园分布的核桃害虫 90 余种，病害接近 70 种，寄生性种子植物 2 种，并对重要有害生物的发生危害规律和绿色防控技术开展深入研究，取得丰硕成果。

《核桃主要害虫原色图鉴及绿色防控》是近年来西南林业大学核桃有害生物研究的部分成果，主要阐明核桃虫害种类。从形态分类学特征入手，对云南核桃林采集到的有害昆虫进行了分类鉴定，鉴定出核桃害虫 93 种，隶属 3 目 27 科 80 属，并配以有害生物形态、危害特征图，详细阐述了有害昆虫的主要鉴别特征、分布、寄主、发生危害规律。同时，为今后更好地保护和利用天敌，本书还描述了在核桃林中采集到的天敌昆虫 17 种，隶属于 2 科 13 属。尽管标本采集尚未做到全覆盖，且已经采回来的部分标本还未能全部鉴定到种，但是鉴于核桃虫害发生面积迅速扩大，严重影响核桃产量和种植户收入，且对部分农户脱贫造成较大影响，部分农户和管理部门希望尽快出版核桃有害生物鉴定及防治的书籍。为此，我们基于现有的知识和研究成果出版本书，旨在帮助林业科技工作者和核桃种植户正确地识别和防治核桃虫害，以期减少核桃因有害生物造成的经济损失，提高核桃品质，保障核桃种植户经济效益。同时团队还出版了《核桃主要病害原色图鉴及绿色防控》，有兴趣的读者可选购阅读。

本书得到云南省林业和草原局林业科技创新项目的资助。特别感谢云南省林业和草原有害生物防治检疫局各级部门在标本采集过程中给予的大力支持！感谢对标本鉴定付出巨大贡献的各位老师和同学！

　　由于时间仓促，工作尚欠深入，可能有些严重发生的虫害因标本采集覆盖不全而没有编入本书，同时，即使现有采集到的标本，因水平有限也仍有部分未能鉴定到种，留待今后继续补充。除此以外，本书可能还存在不足之处，还望读者能不吝指正。

目录

云南核桃主要害虫识别

鞘翅目 Colerptera

　　鞘翅目昆虫俗称甲虫，体躯坚硬，前翅为鞘翅是其主要的识别特征。该类昆虫是昆虫纲中种类最多、分布最广的一个类群，很多种类是农林业的重要害虫。

　　主要识别特征：复眼发达，大多种类无单眼，少数种类具有 1 个中单眼或具有 2 个背单眼，位于头颅两侧靠近复眼；触角形态多变；前翅强烈骨化、坚硬，为鞘翅，后翅膜质，休息时前翅平放于胸、腹部背面，盖住后翅；口器咀嚼式，上颚发达；前胸背板发达，中胸仅露出三角形的小盾片；雌虫无产卵器，雄虫外生殖器有时部分外露。

象甲科 Curculionidae

体小至大型。体色暗黑或鲜亮，体卵形、长形或圆柱形。体表通常较粗糙或具粉状分泌物。头前口式，额和颊向前延伸形成喙，口器位于喙的端部，有口上片，无上唇。触角膝状，通常 10 ～ 12 节，末端 3 节膨大。复眼突出，前足基节窝闭式，跗节 5 节或隐 5 节。可见腹板 5 节，通常第 1、2 节腹板愈合。

象甲科昆虫危害核桃叶片及果实生态照

A. 核桃树叶片受害状；B. 松瘤象危害核桃青果皮；C ～ D. 灰象属象甲危害叶片

危害特点：象甲科昆虫主要以幼虫危害果实和成虫危害叶片为主。幼虫可在青果皮中危害，也可以钻蛀到果实内部危害果仁，危害严重的时期，一个果实上可以发现十几至几十个不等的食害孔，果仁被食后变得发育不全，果皮干枯变黑，更严重的是成虫产卵在果实内，造成大量落果，甚至绝收。成虫危害核桃的叶片，主要取食叶肉部分，形成缺刻症状，最后造成叶片干枯死亡。

筒喙象属

Lixus Fabricius

【属性特征】喙通常呈圆筒形，有时略扁；触角沟位于喙的中间，在喙的腹面未连接；触角索节前2节长于其他节；复眼长椭圆形；前胸有或无眼叶，两侧前缘的纤毛位于下面；鞘翅细长，略呈圆筒形；身体背面被覆细毛（通常黄色、锈赤色、灰色或红色粉末）；雄虫的喙较短而粗，花纹比较明显。

雀斑筒喙象 *Lixus ascanii* Linnaeus

体长 6.0 ～ 10.0mm，宽 2.5 ～ 3.5mm。体细长，筒形稍扁，体壁黑色。

【鉴别特征】

体略呈圆筒形，较粗壮。喙圆筒状略弯曲，在喙的中隆线外侧着生白色的微毛；触角着生处至额间较平直；前胸背板的刻点较小而稀疏，排列不规则；前胸较鞘翅稍窄；前胸背板和鞘翅不被粉末；鞘翅背面有纵向排列的粗大刻点行。

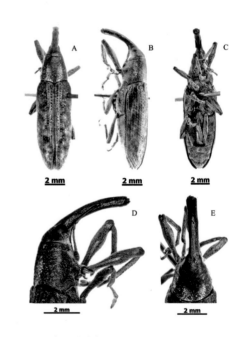

雀斑筒喙象 *Lixus ascanii* Linnaeus

A. 成虫背面观；B. 成虫侧面观；C. 成虫腹面观；
D. 头胸部侧面观；E. 头部正面观

【寄主】

核桃、藜科、蓼科、锦葵科、石竹科、十字花科、豆科、伞形花科、菊科等科植物。

【分布】

中国北方各地和贵州、四川、云南。

象虫属
Curculio Linnaeus

【**属性特征**】本属昆虫雌雄区别明显。雌虫的喙通常较细长、较弯，具有较细的花纹；触角位于喙的中间；腹部 1、2 节隆起，末节略洼，端部近圆形；臀板几乎不露毛。雄虫的喙较短而粗，触角近于喙的端部，腹部 1、2 节较隆，末节略洼，端部通常光滑。

榛象 *Curculio dieckmanni* Faust

体长 6 ~ 8mm，宽 3 ~ 4mm。体黑色，密被浅黄色或白色绒毛、鳞毛。

【**鉴别特征**】

头部半球形，基侧有大而圆的黑色复眼。喙管细长，超过体长的 1/2，向下弯曲；触角柄节细长，鞭节由 7 节组成；足稀被白色细毛，后足较长，腿节内侧有 1 个三角形齿，各爪有 1 个小齿；腹面突隆，前、中足基节、中足间突起、中胸侧片、腹板两侧等处密被浅黄色或乳白色绒毛、鳞片。

【**寄主**】

榛子、胡榛子、核桃。

【**分布**】

河北、吉林、云南、四川，日本，俄罗斯。

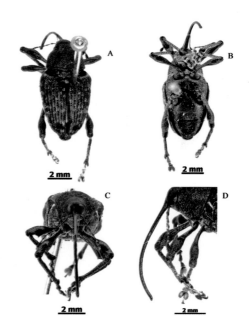

榛象 *Curculio dieckmanni* Faust

A. 成虫背面观；B. 成虫腹面观；C. 成虫正面观；
D. 头部侧面观

瘤象属

Hyposipalus

【属性特征】体通常黑色，前胸背板及鞘翅背面具有粗壮的瘤状突起。

松瘤象 *Hyposipalus gigas* Fabricius

体长 15 ～ 27mm，宽 5 ～ 11mm。体壁坚硬，黑色，具黑褐色斑纹；前翅中部外缘长有棕色毛状斑纹；前翅边缘、足及腹部腹面着生有稀疏的乳白色毛。

【鉴别特征】

头部呈小半球状，散布稀疏刻点和乳白色毛；喙较粗且较长，向下弯曲；基部 1/3 较粗，灰褐色，粗糙无光泽；端部 2/3 平滑，黑色具光泽；触角沟位于喙的腹面，基部着生于喙基部 1/3 处；前胸背板长稍大于宽，具粗大的瘤状突起，中央有 1 条光滑纵纹；小盾片极小；鞘翅基部明显宽于前胸背板，鞘翅表面不光滑，具有排列规则的网状凹刻痕，致使行间具稀疏、交互着生的小瘤突。

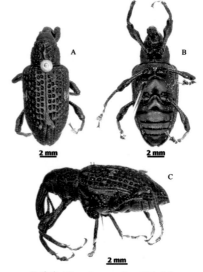

松瘤象 *Hyposipatus gigas* Fabricius
A. 成虫背面观；B. 成虫腹面观；C. 成虫侧面观

【寄主】

核桃、栗、板栗、杉木、马尾松。

【分布】

云南、江苏、福建、江西、湖南，朝鲜，日本。

灰象属

Sympiezomias Faust

【属性特征】喙长于头，长宽约相等，中沟深而宽，长达头顶，从端部向上逐渐缩窄，中沟两侧各有1个傍中沟，傍中沟内缘隆线。喙端部有明显的口上片，其两侧各有一深沟。触角柄节较长，可伸达复眼的中间位置，端部较尖。前胸宽大于长，两侧凸圆，前后缘均为截形，后缘镶边，中沟明显或被鳞片遮蔽，表面散布颗粒，各附鳞片状毛1根。小盾片极小，几乎看不见。

雄虫较瘦小，前胸中间最宽，鞘翅卵形，腹板第5节宽度大于长度，端部形状钝圆；雌虫较雄虫个体稍大，前胸中部靠后或基部最宽，鞘翅椭圆形，腹板第5节较长，端部中间膨胀，末端变尖，基部两侧各有一弧形沟纹。

大灰象 *Sympiezomias velatus* (Chevrolat)

成虫体长 7.3 ~ 12.1mm，宽 3.2 ~ 4.3mm。体灰色或深棕色，密覆灰白色或褐色且具金黄色光泽的鳞片。

【鉴别特征】

前胸中间和两侧的褐色鳞片形成3条纵纹，鞘翅基部中间位置具有1个长方形（近环状）斑纹；鞘翅卵圆形，末端尖锐，翅面不光滑，具10条刻点行；小盾片较小，呈半圆形，中央具1条纵沟；前足胫节端部向内弯，有较小的端齿，内缘有1列小齿；雄虫胸部窄长，鞘翅末端不缢缩，钝圆锥形；雌虫腹部膨大，胸部宽短，鞘翅末端缢缩。

【寄主】

杨、柳、榆树、槐树、核桃。

【分布】

辽宁、河北、内蒙古、河南、山西、云南。

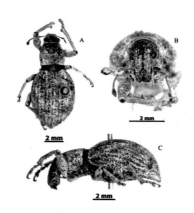

大灰象
Sympiezomias velatus (Chevrolat)

A. 成虫背面观；B. 头部正面观；
C. 成虫侧面观

北京灰象 *Sympiezomias herzi* Faust

雄虫体长 6.5 ～ 7.5mm，宽 3.0 ～ 3.5mm；雌虫体长 8.2 ～ 8.8mm，宽 3.7 ～ 4.1mm。体被褐色和白色鳞片。

【鉴别特征】

喙较粗短，长宽约相等；中沟深，向上逐渐变窄且浅，中沟两侧各有 1 条纵沟，喙端部被白色闪光鳞片，后部和头顶鳞片闪光弱。触角沟位于喙两侧，从触角基处斜向下方延伸。触角柄节发达，伸达复眼中前部，索节 1 ～ 5 节逐渐变短，索节 7 节长大于宽。前胸背板的宽度稍大于长度，前后缘皆平直，中沟不明显；鳞片中间位置黑褐色，靠近外侧的白色，侧面的为淡褐色。雄虫鞘翅卵圆形，雌虫鞘翅椭圆形，鳞片灰褐色或白色，背面有云状褐色斑纹，刻点行较细，行间平坦。腹部腹面鳞片乳白色，具有红铜色闪光。3 对足均具有较强闪光鳞片，前足胫节内侧有 1 排小齿。

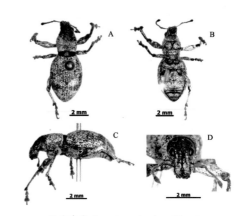

北京灰象 *Sympiezomias herzi* Faust
A. 成虫背面观；B. 成虫腹面观；C. 成虫侧面观；
D. 头部正面观

【寄主】

马铃薯、大豆、核桃、板栗。

【分布】

北京、山西、吉林、云南、贵州，日本，朝鲜。

斜纹象属

Lepyrus Germar

【属性特征】前胸背板圆锥形，向前缩窄，前缘直，无明显眼叶，两侧各具1白色鳞片斜纹，中间一般具很细的隆线。

云斑斜纹象 *Lepyrus nebulosus* Motschulsky

成虫体长约13mm。全体密被砖红色鳞毛。

【鉴别特征】

头部密生小刻点，触角着生在喙前端1/4处；前胸背板宽度略大于长度，外缘弧形，前缘窄于后缘，两侧缘各有灰白色鳞毛1条，背面散布瘤状颗粒；鞘翅背面隆起，两侧平行，中间后渐收窄，前翅具有刻点列，中部各有白色斑点1个。

【寄主】

桑、核桃、板栗。

【分布】

北京、云南、四川、西藏。

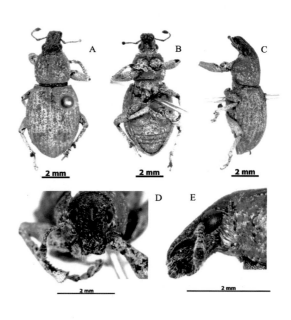

云斑斜纹象 *Lepyrus nebulosus* Motschulsky

A. 成虫背面观；B. 成虫腹面观；C. 成虫侧面观；
D. 头部正面观；E. 头胸部侧面观

球胸象属

Piazomias Schoenherr

【属性特征】后胸前侧片除基部以外与后胸腹板愈合；胫节窝开放。触角柄节长达或未达复眼中部，索节 1 长于 2；喙平行或向前略缩窄，两侧有或无隆线，有时隆线内有沟，沟内有 1 条隆线，中沟缩短，或长于额顶。前胸背板宽度大于长度，拱隆或不拱隆，前后缘均为截形，两侧颇或略拱圆，中沟缩短或不明显。鞘翅基部较窄，宽度大于前胸宽度。前足基节、胫节互相靠扰，内缘具有一排较小的齿状突。

淡绿球胸象 *Piazomias brevius* (Fairmaire)

体长 13 ~ 14mm，均一淡绿色，鞘翅外缘和口上片端部具有金属光泽的鳞片。

【鉴别特征】

鞘翅卵形或宽卵形。胫节内缘有一排长的齿，足与腹部腹面具有发光的鳞片。喙部向前端缩窄，背面两侧有明显的隆线，触角沟的上缘延长至复眼处，和喙的隆线构成三角形窝；触角柄节较长，伸达复眼中部。

【寄主】

桑、核桃、大豆、荆条、大麻。

【分布】

北京、河北、内蒙古、云南、四川。

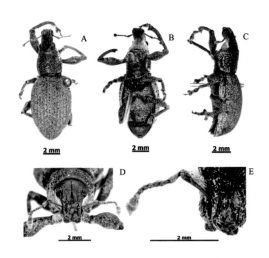

淡绿球胸象 *Piazomias brevius* (Fairmaire)

A. 成虫背面观；B. 成虫腹面观；C. 成虫侧面观；
D. 头部正面观；E. 触角

长足象属

Alcidodes

【属性特征】成虫黑色，通常具有金属光泽。管状较粗壮，触角着生于喙管前端部 1/3 处；前胸近圆锥形，宽大于头长。鞘翅基部显著向前凸出，盖住前胸基部，鞘翅上有多条点刻沟。

核桃长足象 *Alcidodes juglns* Chao

体长 9 ～ 12mm，宽 3.7 ～ 4.8mm，体呈墨黑色，略带金属光泽，体表被暗棕色或淡棕色短毛。

【鉴别特征】

前翅后部具有短绒毛或鳞片；喙较粗且长，端部略膨大而弯曲：密布刻点，长于前胸；触角位于喙 1/2 处，呈膝状，通常 11 节，柄节长，索节第 1 节较长，是第 2 节长的 1.5 倍，第 2 节略长于第 3 节，端部 4 节为锤头，被覆白色鳞片；复眼一对，着生于头两侧，黑色近圆形，头和前胸相连处呈圆形；前胸宽大于长，近圆锥形，密布较大的小瘤突，近方形小盾片，具中纵沟；肩角突出近方形；鞘翅基部宽于前胸，端部钝圆，具有刻点沟 10 ～ 11 条；腿节膨大具 1 齿、齿端 2 小齿，胫节外缘顶端 1 钩状齿。

核桃长足象 *Alcidodes juglns* Chao

A ～ C. 幼虫钻蛀危害青果皮症状；
D ～ F. 幼虫钻蛀青果期核桃仁危害症状；G. 蛹；
H. 成虫背面观；I. 成虫侧面观

【寄主】

核桃。

【分布】

河南、湖北、云南、四川、贵州、陕西、甘肃。

天牛科 Cerambycidae

　　体小至大型，多呈圆筒状，或略扁。体色鲜艳，被有各种绒毛、刺、瘤突或隆脊。触角第二节特化为活动的短关节，能向后弯曲，长度变化较大，从短小到特长，为体长的 1/4 ～ 4 倍。复眼肾脏形，位于触角基部，少数种类凹陷很深，分成上下两叶。许多成虫中胸背板具有发音器，能发声，少数由后腿与鞘翅边缘摩擦发声。鞘翅一般质地坚硬，端缘圆形、平切或斜凹切。足细长，各足胫节均具有2 个端刺，跗节为隐 5 节。腹部较长，可见腹节 5 ～ 6 节。

　　危害特点：天牛科昆虫的成虫和幼虫都可造成危害，幼虫主要蛀干危害形成层和木质部，削弱树势，危害严重者可导致整株枯死；成虫啃食叶片或嫩枝条，受害树有的主干枯死，有的整株死亡，是核桃树上重要的蛀干害虫。

天牛科昆虫危害核桃树干及叶片生态照

A. 天牛钻蛀危害核桃树干；B. 天牛幼虫危害木质部；C. 红足墨天牛危害叶片；D. 星天牛危害叶片；
E. 天牛在核桃树干内筑巢危害；F ～ H. 天牛危害核桃叶片和嫩梢

瘤筒天牛属

Linda Thomson

【属性特征】成虫体近圆筒形。触角一般短于体长，柄节长度中等，第 3 节长于柄节和第 4 节，以后各节渐次变短且细，基部数节下沿稀生缨毛。前胸背板宽稍大于长，两个侧缘中部各有一个圆形瘤突。鞘翅狭长，肩部较前胸宽，背部平坦，具有 2～3 条明显的细纵脊，肩部向后至侧缘中部稍凹入，翅端部狭圆，斜切或稍凹入。后胸前侧片前端较宽，后端较狭。足较短，后足腿节不超过腹部第 2 节后缘；爪具有附突。雌虫腹部末节中央有细纵沟。

赤瘤筒天牛 *Linda nigroscutata* Fairmaire

赤瘤筒天牛隶属于沟胫天牛亚科、瘤筒天牛属，该种在我国云南首次发现。头、胸及鞘翅橘黄色，触角、后胸腹板、腹部及足均为黑色。

【鉴别特征】

前胸背板宽大于长，中区隆起，两侧瘤突明显；具 6 个对称的圆形黑斑，其中 4 个位于中区背面，2 个位于侧面的瘤突下方，前胸背面刻点粗而密；一对鞘翅基部具有一个宽大黑斑，该斑从肩开始，逐渐收窄，呈倒三角形；腹部末节和第 4 腹节端缘为橙色；鞘翅前半部较平直，后半部略膨大，端部略圆。足较短，后足腿节长，可伸达第 2 腹节端缘。腹部末节后半部中间略具铲形凹痕，后缘中央微凹。

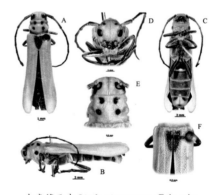

赤瘤筒天牛 *Linda nigroscutata* Fairmaire

A. 成虫背面观；B. 成虫侧面观；C. 成虫腹面观；
D. 头部正面观；E. 头部背面观；F. 前翅斑纹

【寄主】

核桃。

【分布】

贵州、四川、云南。

丽天牛属
Rosalia Serville

【属性特征】该属成虫体中型至大型。一般色泽艳丽，头前端向前倾斜，颊狭长，向外侧突出。触角较长，雄虫触角超过体长，雌虫触角稍长或短于体，着生于复眼深凹处，柄节端部膨大。第 3 ~ 4 节几乎等长，第 5 ~ 10 节等长或稍短，第 3 ~ 5 节端部膨大，末端具刺，有时丛生簇毛。额在触角间隆起形成横隆脊，中部稍凹；复眼中等大小，深凹。前胸背板横阔，两侧缘弧形，无侧刺突。小盾片短，半圆形或舌形。鞘翅长，端部圆形。足中等长，腿节中部膨大，前足基节窝外侧伸成尖角，基节向后开放，中足基节窝对后侧开放，后足腿节不达鞘翅末端。

茶丽天牛 *Rosalia lameerei* Brongniart

体中至大型，蓝绿色且具有黑色斑块。头、触角柄节、中胸腹板、腹板各节前缘及足均为黑色，触角第 3 ~ 6 节端部丛生浓密簇毛。

【鉴别特征】

头部额及头顶刻点细密，两侧刻点较稀疏。前胸背板前缘有 1 个黑色斑块向后延伸至中央，形成三角形的斑块，中央两侧各有 1 个小黑点；前翅有 4 条黑色的横向斑纹，分别位于肩部、基部 1/4 处、中部稍后和末端之前；后足腿节端部膨大，近端部有淡蓝色环状斑，胫节端部扁阔，密生黑色长毛，似毛刷状。

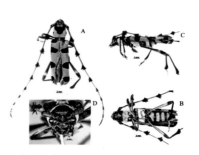

茶丽天牛 *Rosalia lameerei* Brongniart

A.成虫背面观；B.成虫腹面观；
C.成虫侧面观；D.头部正面观

【寄主】

茶、柿、麻栎、板栗、核桃、桃、冬瓜木、朴、山林果。

【分布】

云南、台湾，越南，老挝，泰国，缅甸。

黄星天牛属

Psacothea Gahan

【属性特征】额区宽阔，呈长方形。复眼深凹，触角第 3 节长于第 4 节，通常是柄节长度的 3 倍。前胸背板长、宽近似等于或宽稍于长，具有侧刺突，前胸腹板凸片在基节之间的两侧呈角状膨阔；中胸腹板凸片前方具有瘤状突起，前足基节窝开放式，中足胫节外侧端部具有斜沟。

黄星天牛 *Psacothea hilaris hilaris* (Pascoe)

体黑色，密布黄色或乳白色绒毛，形成大小不一的斑点或条纹。

【鉴别特征】

头顶中央有 1 条浅黄色纵纹，纵纹的两侧分别具有 2 个斑点，形成小纵纹；额前两侧各有 1 条浅黄色狭长的纵斑；两颊各有横纹 1 条；前胸背板中区两侧各有 1 个侧刺突，刺突的上缘各有 1 个浅黄色的纵条纹；鞘翅上有近圆形黄色绒毛形成的斑点多个，其中较大的斑点有 5 个，从翅前缘到近末端均匀分布；前胸、中胸及后胸腹板和腹部腹面分布多个黄色绒毛形成的斑点；触角黑褐色，第 3 ～ 11 节基部密被白色绒毛。

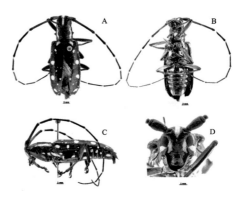

黄星天牛 *Psacothea hilaris hilaris* (Pascoe)

A. 成虫背面观；B. 成虫腹面观；C. 成虫侧面观；
D. 头部正面观

【寄主】

桑、核桃、油桐。

【分布】

云南、辽宁、吉林、广东、河北、江苏、安徽、江西、四川、河南、福建、湖南、甘肃、湖北、上海、广西、贵州、陕西、台湾，朝鲜，日本，越南。

脊虎天牛属
Xylotrechus Chevrolat

【属性特征】成虫颊区通常具有 1 条或数条纵直或分支的脊，触角较短，一般短于体长的 1/2，有时长达鞘翅中部或中部稍后；前胸背板两侧缘或多或少呈弧形，无侧刺突，中区粗糙或具粒状刻点；小盾片小；鞘翅端部较窄，端缘斜切；前足基节窝向后开放，中足基节窝对后侧片开放，后胸前侧片较宽，长为宽的 2～3 倍；腿节中等长，雄虫后足腿节膨大。

巨胸脊虎天牛 *Xylotrechus magnicollis* (Fairmaire)

头黑色；前胸背板背面观呈圆球形，除基部为黑色外其他部位全为红褐色；鞘翅密被黑色绒毛或具有浅黄色毛斑，翅基部毛斑靠近中缝向后延伸至基部 1/3 处，并在基部 1/3 处形成横纹，翅端部 1/3 处形成 1 黄色横带；腹部黑色，第 1～3 节的后缘及后胸腹板两侧前缘和后缘有浓密的绒毛形成环状斑。

【鉴别特征】

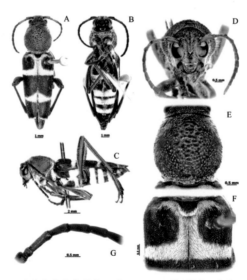

巨胸脊虎天牛 *Xylotrechus magnicollis* (Fairmaire)

A. 成虫背面观；B. 成虫腹面观；C. 成虫侧面观；
D. 头部正面观；E. 前胸背板背面观；F. 前翅斑纹；G. 触角

头圆形，有稀疏白色绒毛，额有 4 条分支纵脊，侧缘脊不平行，中部较窄。触角短，仅达鞘翅的肩部，柄节与第 3 节等长，或稍长于第 4 节；前胸背板较大，长宽相等，与鞘翅等宽，表面粗糙，具有短横脊；小盾片半圆形，端缘被有白色绒毛；鞘翅肩部宽，向端部稍窄，端缘微斜切，有细密刻点。雄虫后足腿节显著长于鞘翅末端，雌虫略短，稍超过翅端部。

【寄主】

核桃、国槐、栎属、印度橡胶树、柞、柿属、杨。

【分布】

云南、黑龙江、吉林、河北、陕西、四川、福建、台湾、广东、广西、浙江、湖南、山东、河南、海南，缅甸，印度，老挝，俄罗斯。

绿虎天牛属
Chlorphorus Chevrolat

【属性特征】成虫触角短于体长，第3节通常不长于柄节；前胸背板长稍大于或等于宽，两侧缘呈弧形，无侧刺突；小盾片较小，近半圆形；鞘翅中等长，端缘平截或斜截，缘角具刺；后胸前侧片较窄，长约为宽的4倍；前中基节窝向后开放，中足基节窝对后侧片开放，后足腿节较长，超过鞘翅末端；后足第1跗节较长，总长度约等于其他各节之和。

绿毛绿虎天牛 *Chlorophorus uiridulus* Kano

成虫体长 9.5 ～ 12mm，体密被淡黄绿色绒毛。

【鉴别特征】

触角长为体长的1/2；前胸中部与鞘翅基部等宽，鞘翅较短末端平截，且在平截的端角具微弱的齿状突；足被淡黄绿色绒毛，中足腿节两侧具齿，后足腿节无脊，后足腿节稍长超过鞘翅末端，后足第1跗节长度约等于其余各节总长度之和。

【寄主】

核桃。

【分布】

云南。

绿毛绿虎天牛 *Chlorophorus uiridulus* Kano

A、B. 成虫背面观；C. 成虫腹面观；
D. 前翅斑纹；E. 前足腿节

蜡天牛属
Ceresium Newman

【属性特征】小型甲虫，体狭小。头部颊短，触角基瘤之间微凹，复眼深凹；触角细长，雌虫不长于虫体或稍长；第4节短于柄节。前胸背板长胜于宽，两侧缘弧形，无侧刺突。鞘翅端部稍窄，端缘圆形。前足基脚窝向后开放，基节之间的前缘腹板凸片较窄，中足基节窝向后侧片关闭。足中等长，腿节后半部显著膨大呈棒状，或从基部逐渐膨大呈纺锤形。

四斑蜡天牛 *Geresium quadrimaculatum* Gahan

成虫体长 13mm，前胸背板刻点粗而密，具一中脊，中区四角各有一缕黄色毛斑，鞘翅无毛斑。

【鉴别特征】

头和前胸背板红褐色或黄褐色；前胸背板刻点较粗，在其前、后端的4个角上，各有1个淡黄色毛斑，毛斑浓密，十分显著；小盾片密被淡黄色绒毛。鞘翅刻点较细。

【寄主】

桑、柑橘、核桃。

【分布】

云南、浙江、湖南。

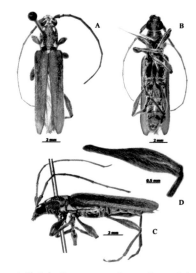

四斑蜡天牛 *Geresium quadrimaculatum* Gahan

A. 成虫背面观；B. 成虫腹面观；
C. 成虫侧面观；D. 前足腿节

缨象天牛属

Cacia Newman

【属性特征】体较小或中等，长椭圆形或长形。触角较细，下沿有缨毛，基部第5节或第6节缨毛比以下各节缨毛长，柄节端部开放式，第3节长于柄节或第4节，触角基瘤稍突出，彼此分开较远；复眼上、下两叶仅1线相连，复眼下叶宽胜于长，短于颊。前胸背板宽胜于长，两侧中央无侧刺突，胸面较平坦，无显著瘤突。鞘翅两侧近于平行，端缘圆形。前胸腹板凸片弓形，中胸腹板凸片微具瘤突。中足胫节无斜沟。

西藏簇角缨象天牛 *Cacia cretifera thibetana*

【鉴别特征】

成虫体长 12mm，黑色，触角 3 ~ 11 节，基部灰色，前胸背板横阔，前后缘稍弯弧形弯曲；成虫鞘翅宽阔，翅面具赭色斑点或斑块，翅端部弧形。

【寄主】

核桃。

【分布】

云南、西藏、四川、广西。

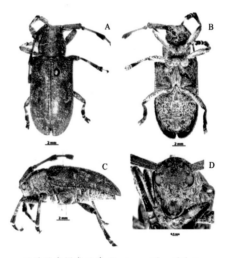

西藏簇角缨象天牛 *Cacia cretifera thibetana*

A. 成虫背面观；B. 成虫腹面观；
C. 成虫侧面观；D. 头部正面观

柱角天牛属

Paragnia Gahan

【属性特征】体通常红棕色或红褐色。成虫体近圆柱状；触角粗壮，长于体长；前胸部圆柱状，长大于宽，具有侧刺突或无，明显窄于鞘翅基部；鞘翅具有多个黄色或浅黄色毛斑，端缘圆形，基部通常具有粗大的刻点。

柱角天牛 *Paragnia fulvomaculata* Galan

【鉴别特征】

　　成虫体长 13 ～ 17mm，红棕色，前胸背板暗红棕色，鞘翅上有 7 ～ 9 个黄毛斑，翅端被黄毛。

【寄主】

　　核桃。

【分布】

　　贵州、云南，老挝。

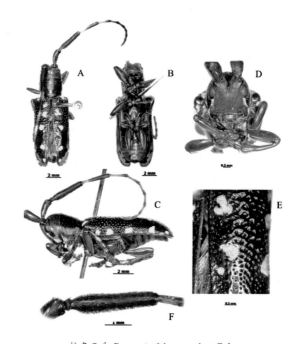

柱角天牛 *Paragnia fulvomaculata* Galan

A. 成虫背面观；B. 成虫腹面观；C. 成虫侧面观；
D. 头部正面观；E. 前翅斑纹；F. 触角

象天牛属

Mesosa Latreille

【属性特征】成虫体一般较短，额方形。复眼断裂，上下叶仅一线相连，下叶宽大于高，较其下颊部短。触角基瘤稍突，分开，中间头顶中度下陷，触角与体等长。各节下侧具细缨毛，柄节较长，端部开放式。前胸背板宽稍胜于长，背中区常有不很显著的瘤突，有时近前缘两侧各有一个小瘤突。鞘翅两侧较平行，背面稍拱，翅端宽圆。中胸腹板凸片前端常具突起。中足胫节无斜沟。

黑带象天牛 *Mesosa rupta* (Pascoe)

【鉴别特征】

成虫体长 7 ~ 14mm。黑色，被淡红褐色绒毛，前胸背板具许多黑色斑点。鞘翅基部 1/3 处及中部之后具一锯齿状黑色横带，前者较宽，翅端圆形。

【寄主】

核桃。

【分布】

云南、广西、广东，越南，柬埔寨。

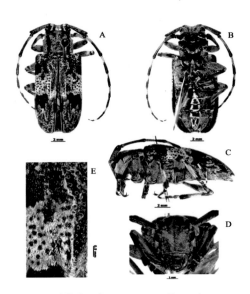

黑带象天牛 *Mesosa rupta* (Pascoe)

A. 成虫背面观；B. 成虫腹面观；C. 成虫侧面观；
D. 头部正面观；E. 前翅斑纹

墨天牛属

Monochamus Guerin-Meneville

【属性特征】墨天牛属种类的成虫体中到大型。触角中等细，雄虫触角长度一般为体长的2倍多，至端部各节渐短、趋细，柄节端疤封闭式；第3节长度为柄节的2倍，显著长于第4节。颊一般长于复眼下叶或等长。前胸背板宽大于长，具侧突，前、后缘各具1条横沟。小盾片半圆形或阔舌形。鞘翅长形，一般肩较宽，有时中部较阔，端部稍窄，端缘圆形。前足基节窝关闭或向后稍开放，中足胫节外端具斜沟，中胸腹板凸片上无瘤突。

红足墨天牛 *Monochamus dubius* Gahan

成虫体长9～15mm。黑色，前胸背板有2条黄褐色纵纹；鞘翅具2条纵脊，翅面散布棕黄色及白色绒毛斑，翅端圆形，足淡红色。

【鉴别特征】

成虫鞘翅基部具稀疏或极细小的颗粒，后头颗粒微小，足淡红色，前胸背板两侧均匀地被黄褐色绒毛，鞘翅略均匀地具黄褐及淡灰色绒毛斑。成虫黑色，前胸背板有2条黄褐色纵纹，鞘翅具2条纵脊，足淡红色。

【寄主】

核桃。

【分布】

福建、广东、云南、西藏。

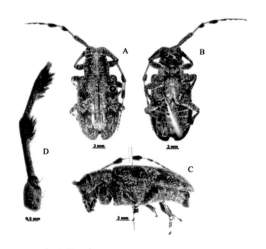

红足墨天牛 *Monochamus dubius* Gahan

A. 成虫背面观；B. 成虫腹面观；C. 成虫侧面观；D. 触角

绿墨天牛 *Monochamus millegranus* Bates

体长 14 ～ 16mm，体黑色被绿色鳞毛。触角全黑色，被稀疏淡黄色毛。

【鉴别特征】

鞘翅上分布黑色粒状刻点与绿色鳞毛相间的花纹，体腹面被绿灰色绒毛。头部具细密刻点，额阔，复眼下叶短于颊；触角较长于体 1/4；柄节粗短，明显短于第 3 节，端部膨大，有粗密刻点。前胸背板前缘无凹沟，侧刺突细。鞘翅端部明显收狭，端缘圆形。足腹面有刻点，足较短。成虫鞘翅具许多游离的大型平滑颗粒，中胸腹板凸片中央具一小隆起。黑色，被绿色鳞片。鞘翅上绿色鳞片与黑色粒状刻点相同，头、前胸具细密刻点。

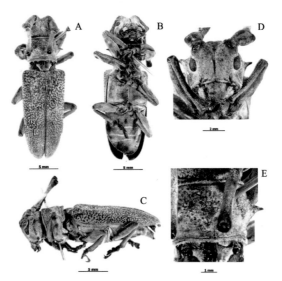

绿墨天牛 *Monochamus millegranus* Bates

A. 成虫背面观；B. 成虫腹面观；C. 成虫侧面观；D. 头部正面观；E. 前胸背板

【寄主】

栎、板栗、核桃。

【分布】

福建、贵州、云南、西藏。

瘤象天牛属

Coptops Serville

【属性特征】成虫中足胫节外侧不具沟，触角第3节短于柄节，前胸腹板凸片为均匀的弧形。体中等大小，较宽，长椭圆形或长形。触角中等粗壮，触角各节下沿缨毛近乎等长，柄节较长，柄节端疤开放式，第3节同柄节近于等长或稍短，触角肌瘤突出，彼此远分开。复眼分成上、下两叶，仅一线相连，复眼下叶宽胜于长，短于颊。前胸背板宽胜于长，两侧中央无刺突，近前缘两侧各有一小瘤突，胸面中区有3个呈三角形分布的明显瘤突。鞘翅两侧近于平行，后端稍窄，端缘圆形。前胸腹板凸片弓形。中胸腹板凸片在前缘具瘤突。

麻点瘤象天牛 *Coptops leucostictica leucostictica*

【鉴别特征】

　　黑色，被淡黄褐色及灰白相间组成的细斑纹，鞘翅无绒毛处形成黑色小圆点。

【寄主】

　　核桃、合欢、榄仁树、大叶羊蹄甲。

【分布】

　　广西、贵州、云南、西藏，越南。

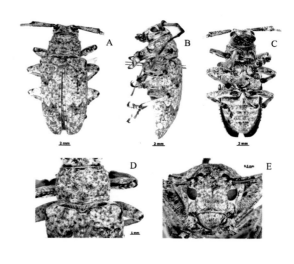

麻点瘤象天牛 *Coptops leucostictica leucostictica*

A. 成虫背面观；B. 成虫侧面观；C. 成虫腹面观；
D. 前胸背板；E. 头部正面观

白条天牛属

Batocera Castelmau

云斑天牛成虫危害核桃树干生态照

【属性特征】本属昆虫体中至大型，体褐色至黑色，被绒毛且具有斑纹；触角较长，一般超过体长，触角基瘤突出，彼此分开较远，触角具刺，基部数节粗糙具有皱纹，下缘有稀疏缨毛；鞘翅肩宽、肩上着生短刺，后端稍窄，鞘翅还具有圆形或近圆形、长形斑；前胸背板两侧具刺突，中区有一对肾形或半圆形斑外；腹面观从复眼至腹部末端各有一条较宽的白色纵纹。

云斑天牛 *Batocera horsfieldi* (Hope)

体长 44 ~ 60mm，宽 9 ~ 15mm。体黑褐色或灰褐色，密被灰褐色和灰白色绒毛。

【鉴别特征】

雄虫触角超过体长 1/3，雌虫触角略大于体长，各节下方生有稀疏细刺，第 1 ~ 3 节黑色具光泽，有刻点和瘤突；前胸背板有 1 对白色臀形斑，侧刺突大而尖锐；小盾片近半圆形；鞘翅基部有大小不等颗粒，每个鞘翅上有白色或浅黄色绒毛组成的云状白色斑纹，2 ~ 3 纵行末端白斑长形。

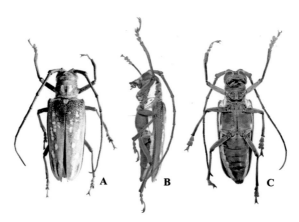

云斑天牛 *Batocera horsfieldi* (Hope)

A. 成虫背面观；B. 成虫侧面观；C. 成虫腹面观

【寄主】

核桃、桑、柳、泡桐、枇杷、杨、苦楝、悬铃木、柑橘、紫薇。

【分布】

江苏、广东、浙江、河北、陕西、安徽、江西、湖南、湖北、福建、广西、台湾、四川、云南。

粒肩天牛属
Apriona Chevrolat

【属性特征】体大型，背面隆起，头部额区长稍大于宽，近方形；触角粗壮、光滑，柄节端部背面具小齿状凸起，通常触角基半部有淡色绒毛；前胸背板横宽，表面多皱脊，侧刺突发达，末端尖锐；鞘翅基部有瘤突，肩部有时有尖刺；中胸腹板凸片无瘤突。

桑天牛 *Apriona germari* (Hope)

【鉴别特征】

体大型，黑色。全体被棕黄色或青棕色绒毛，鞘翅侧缘、端缘及中缝有一条灰黑色狭边。头部的额中缝明显，眼后缘有2～3行刻点，触角柄节端疤开放式。前胸背板宽大于长，中区前后横沟之间有明显不规则横皱纹或横脊，侧刺突发达，基部、中区后方两侧及前胸侧片有黑色隆起的光亮刻点。

桑天牛 *Apriona germari* (Hope)

A. 成虫背面观；B ～ C. 幼虫

【寄主】

桑、柳、榆、苹果、柑橘、梨、樱桃、海棠、核桃、枇杷。

【分布】

云南、四川、陕西、福建、广西、台湾、广东、浙江、江苏、辽宁、河北、山东、湖南、湖北、江西，越南，缅甸，印度，日本，朝鲜，老挝。

艳虎天牛属

Rhaphuma Pascoe

【属性特征】体狭长形，较平。复眼内缘凹入；触角较长，两触角基瘤着生较近，第3节长于柄节；前胸背板长大于宽，两侧缘微呈弧形，无侧刺突；鞘翅狭长，端部斜切；足细长，前足基节窝向后开放，中足基节窝对后侧片开放，后足第1跗节较长且稍膨大，长于其他跗节长度之和。

管纹艳虎天牛 *Rhaphuma horsfieldi* (White)

体长 9 ~ 14mm，宽 3.0 ~ 3.5mm。体黑色，被覆黄色绒毛，无绒毛覆盖处呈现黑色斑纹；触角及足为浅褐色，中足和后足的腿节大部分呈黑褐色。

【鉴别特征】

头部具有细密刻点，触角较长，几乎伸达鞘翅末端；前胸背板长大于宽，中区有 2 条黑色纵条状斑纹，两侧各有 1 条黑色短纵斑；每个鞘翅有 2 条平行细长黑色纵斑，由基部伸出到达端部近 1/4 处，近端部有 1 短横条状斑，端部有 1 黑色斑块；足细长，后足第 1 跗节较长且稍膨大，长于其他跗节长度之和。

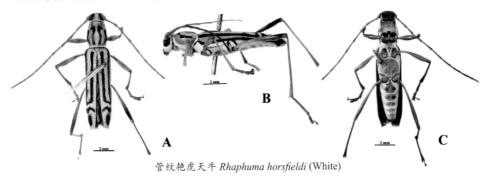

管纹艳虎天牛 *Rhaphuma horsfieldi* (White)

A. 成虫背面观；B. 成虫侧面观；C. 成虫腹面观

【寄主】

核桃，香须树，木姜子属。

【分布】

云南、四川，印度，缅甸，老挝。

突尾天牛属

Sthenias Castelnau

【属性特征】体中型，狭长。触角细长，基瘤较突出，且左右相距较远；前胸背板宽稍大于长，近圆柱形，无侧刺突；鞘翅狭长，两侧近平行，背面稍隆起，翅端部缘角弧形突出，一般呈叶片状；中足基节窝开式，较短且粗壮。

云南突尾天牛 *Sthenias yunnana* Breuning

体长 12～15mm，宽 4～6mm。体深褐色或深棕色。

【鉴别特征】

体圆筒形。头短，触角细长，长度超过体长；前胸背板宽稍大于长，无侧刺突，背部中区两侧各有 1 个黑色小突起，且突起上着生黑色绒毛；鞘翅狭长，具有不规则的刻点，两侧缘近平行，末端近平截，缘角稍向外突出，在翅近基部和近端部各有 1 个被有黑色绒毛的突起，近端部突起的外侧有 1 个白色楔形斑块。

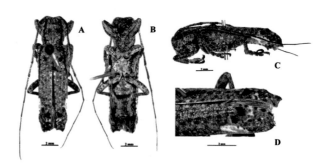

云南突尾天牛 *Sthenias yunnana* Breuning
A. 成虫背面观；B. 成虫腹面观；C. 成虫侧面观；D. 前翅斑纹

【寄主】

核桃。

【分布】

云南。

丛角天牛属

Diastocera Thomson

木棉丛角天牛 *Diastocera wallichi* (Hope)

体长 35mm，宽 10mm。体被有疏密不一的金属色绒毛，呈现出绿、蓝或紫铜色彩。

【鉴别特征】

体大型。头部背面观呈绿色金属光泽；触角蓝绿色闪光，在每节的末端着生有黑毛绒毛，最显著的是第 3～5 节；鞘翅上有 3 个斑纹：近基部 1/5 处有 1 个黑色圆斑，在翅中部和近半部各有 1 个横向的黑色条斑；腹面底色紫黑，被红与蓝色绒毛。

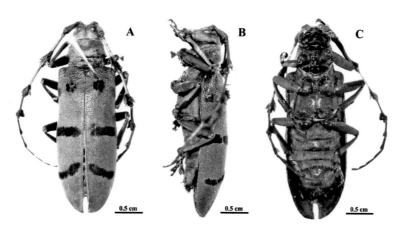

木棉丛角天牛 *Diastocera wallichi* (Hope)

A. 成虫背面观；B. 成虫侧面观；C. 成虫腹面观

【寄主】

核桃。

【分布】

云南。

鳃金龟科 Melolonthidae

体型变化较大，为小至大型，椭圆或略呈圆筒状，通常具有黑、褐、绿、蓝等金属光泽；体表平滑或有纵沟，有时具有绒毛；上唇、下颚被唇基所覆盖；触角为典型的鳃叶状；前足开掘式，跗节5节，后足着生位置接近中足而远离腹部末端；腹部有一对气门露在鞘翅外，可见腹节5节；爪有齿，大小相等；幼虫为地下害虫，危害植物根部，俗称"蛴螬"。

危害特点：该类昆虫是核桃主要的食叶害虫，每年3月下旬至4月下旬，幼虫危害植株根系，严重时能造成植株死亡。4月下旬至6月下旬成虫危害核桃的嫩芽、嫩叶、花柄等部位，成虫咬食叶片成网状孔洞和缺刻，常在傍晚至晚上22时进行咬食，严重时仅剩主脉，群集为害时更为严重。

鳃金龟昆虫危害核桃叶片生态照

A.核桃树受鳃金龟危害状；B～G.鳃金龟夜间取食叶片

鳃金龟和丽金龟及幼虫危害核桃叶片及根系生态照

A.核桃树受害状；B、D.棕翅爪鳃金龟夜间取食核桃树叶；
C.鳃金龟白天隐藏在核桃树根系附近的枯枝落叶丛中；E.鳃金龟幼虫；F.丽金龟取食核桃树叶

玛绢金龟属
Maladera Mulsant & Rey

【属性特征】体型较小，前胸背板边缘没有突出的"沿"，后足胫节2端距对生。

黑绒金龟 *Maladera orientalis* Motschulsky

体长 6 ～ 9mm，宽 3.4 ～ 5.5mm。体黑褐色至棕褐色。

【鉴别特征】

体近卵圆形，体表密布较大刻点；头大，唇基油亮，额唇基缝钝角形后折，头顶后头光滑；触角9～11节，棒状部3节；前胸背板短阔；小盾片呈三角形，密布刻点；鞘翅有9条刻点行；胸部腹板密被绒毛，腹部每节腹板均有一排绒毛；前足胫节外缘2齿。

【寄主】
不详。

【分布】
黑龙江、吉林、辽宁、内蒙古、宁夏、河北、北京、河南、山东、山西、江苏、安徽、云南，朝鲜，蒙古国，日本，俄罗斯。

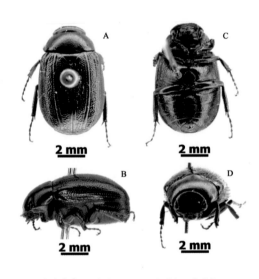

黑绒金龟 *Maladera orientalis* Motschulsky

A. 成虫背面观；B. 成虫侧面观；
C. 成虫腹面观；D. 头部正面观

阔胫玛绢金龟 *Maladera verticalis* (Fairmaire)

体长 6 ~ 9mm，体深褐色或棕色。

【鉴别特征】

成虫卵圆形，体红褐色，具有光泽；鞘翅布满纵列隆起带；足胫节端距在前端两侧、外缘有棘刺群。幼虫臀节腹面刺毛列呈单行横弧形排列，每列 24 ~ 27 根，肛门孔纵裂长度等于或大于一侧横裂的 1 倍。蛹体乳黄或黄褐色，尾角 1 对。

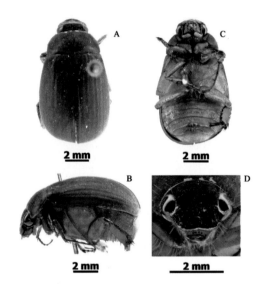

阔胫玛绢金龟 *Maladera verticalis* (Fairmaire)

A. 成虫背面观；B. 成虫侧面观；C. 成虫腹面观；D. 头部正面观

【寄主】

榆、柳、杨、梨、苹果、核桃。

【分布】

辽宁、华北、华东、陕西、云南。

阿鳃金龟属

Apogonia Kirby

> 【属性特征】触角10节，鳃片部3节，唇基宽阔，前胸背板具革质边缘，后足胫节具2端距。

华阿鳃金龟 *Apogonia chinensis* Moser

体长7～8mm，棕色或栗黑色，表面光亮。

【鉴别特征】

头宽大，唇基短小，横条呈新月形，密布大刻点；触角10节，棒状部短小，由3节组成；前胸背板阔短，前缘边沿宽而无毛，前侧角锐角，后侧圆弧形；小短片三角形，两侧散布刻点；鞘翅密布刻点行，4条纵脊可见；前足胫节外缘具齿突。

【寄主】

不详。

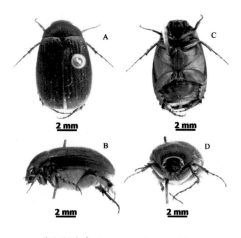

华阿鳃金龟 *Apogonia chinensis* Moser

A. 成虫背面观；B. 成虫侧面观；
C. 成虫腹面观；D. 头部正面观

【分布】

辽宁、河北、北京、山东、山西、河南、湖北、云南，朝鲜。

齿爪鳃金龟属

Holotrichia Hope

【属性特征】体中至大型，长卵圆形，触角 10 节，前足胫节外缘具 3 个齿状突。

华北大黑鳃金龟 *Holotrichia oblita* (Faldermann)

成虫体长 16 ～ 21mm，宽 8 ～ 11mm。体黑褐或黑色，有光泽。

【鉴别特征】

前胸背板宽度约为长度的 2 倍，上有许多刻点，侧缘中部向外弧形突出；鞘翅具明显纵脊 4 条，会合处缝脊显著；前足胫节外缘有 3 个齿状突，中、后足胫节有端距 2 个，爪为二分叉，中部有垂直分裂的爪齿 1 个，后足胫节中段有一具刺的横脊。

【寄主】

桑、榆、杨、李、山楂、苹果、核桃。

【分布】

东北、西北、华北、西南。

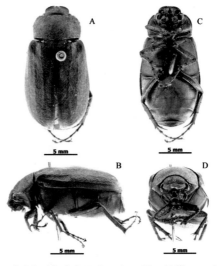

华北大黑鳃金龟 *Holotrichia oblita* (Faldermann)

A. 成虫背面观；B. 成虫侧面观；
C. 成虫腹面观；D. 头部正面观

棕翅爪鳃金龟 *Holotrichia titanis* Reitter

棕翅爪鳃金龟又名棕色鳃金龟，体长 14 ～ 18mm。

【鉴别特征】

体红棕色。成虫前胸背板较宽，宽为长的 2 倍，两侧缘稍有锯齿状，侧角微突，其上有细密小刻点；小盾片三角形；鞘翅宽大，具有明显纵脊和刻点；前足胫节末端具有 2 个距和 3 个较大的齿状刺突，前足胫节末端截平，具有 2 个距和 2 个或 3 个较小的刺突。

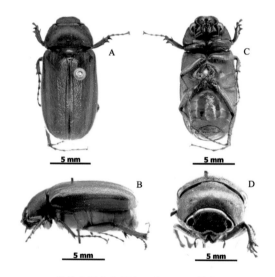

棕翅爪鳃金龟 *Holotrichia titanis* Reitter

A. 成虫背面观；B. 成虫侧面观；C. 成虫腹面观；D. 头部正面观

【寄主】

不详。

【分布】

河北、云南。

弧齿爪腮金龟 *Holotrichia sichotana* Brenske

成虫体长 16 ～ 21mm，宽 8 ～ 11mm。体棕红色或褐色，有金属光泽。

【鉴别特征】

前胸背板较宽，宽度约为长度的 2 倍，前缘近弧形微凹，两侧角微突，其上具有刻点；鞘翅宽大，具有刻点和明显纵脊；小盾片三角形；前足胫节有齿，中、后足胫节末端具 2 个端距。卵圆形、乳白色；幼虫乳白色，头部前每侧顶毛 3 根，成一纵行，其中位于冠缝两侧的 2 根彼此紧靠，另一根则接近额缝的中部。

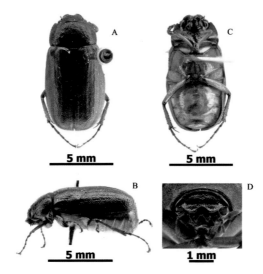

弧齿爪腮金龟 *Holotrichia sichotana* Brenske

A. 成虫背面观；B. 成虫侧面观；C. 成虫腹面观；D. 头部正面观

【寄主】

桑、榆、杨、李、山楂、苹果。

【分布】

东北、西北、华北。

胸突鳃金龟属
Hoplosternus Guerin

灰胸突鳃金龟 *Hoplosternus incanus* Motschulsky

体长 24 ～ 30mm，宽 12 ～ 15mm。体深褐或栗褐色，鞘翅色泽略淡，无金属光泽。体密被灰黄或灰白色绒毛，腹部侧面观腹板侧端有三角形乳黄色斑块。

【鉴别特征】

体大型，近卵圆形，末端稍宽于前端。头阔，唇基前方略收狭，边缘向上折，前缘中段微内弯并隆起；触角 10 节，雄虫鳃片部由 7 节组成，宽大微弯，雌虫鳃片部由 6 节组成，直而短小；前胸背板较阔，中部隆起，前缘侧角钝角形，后侧角直角形或钝角形，后缘中段弓形后弯；小盾片三角形；鞘翅肩凸、端凸发达，有 4 条纵脊，其中第 1、2 和 4 条较明显；臀板三角形，侧缘微波浪形弯曲，末端圆钝；中足基节间有发达中胸腹突，伸达前足；前足胫节外缘具 2 ～ 3 个齿突，雌虫爪 3 分叉，不完全对称，雄虫前足爪 2 分叉，内大外小不对称。

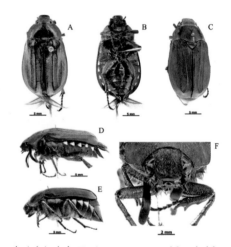

灰胸突鳃金龟 *Hoplosternus incanus* Motschulsky

A、C. 成虫背面观；B. 成虫腹面观；
D、E. 成虫侧面观；F. 头部正面观

【寄主】

不详。

【分布】

山西、黑龙江、吉林、辽宁、内蒙古、河北、陕西、山东、河南、浙江、湖北、江西、四川、贵州、云南，俄罗斯，朝鲜。

丽金龟科 Rutelidae

体中等大小。外部形态特征与鳃金龟科 Melolonthidae 非常相似，但该科昆虫通常颜色较为鲜艳或具有亮丽的金属光泽。触角鳃叶状，前足开掘式。气门 6 个，3 个在腹间膜上，3 个在腹板上。后足胫节有 2 个端刺。2 个爪的长度不相等，尤以后足更为明显。成虫、幼虫均为植食性，多为农业、林业的重要害虫。

危害特点：丽金龟科属于金龟总科，其危害方式与鳃金龟科相似。幼虫和成虫均可造成危害。幼虫通常生活在土壤中，危害多种植株的根系；成虫期危害植物的叶片、嫩枝、嫩梢等部位，严重时可将叶片吃光，影响树势和核桃产量。

矛丽金龟属

Callistethus Blanchard

【属性特征】体型较小，通常 10～15mm。成虫体具有金属光泽，光滑无毛；腹面及足也具金属光亮；后足腿节膨大，较粗壮，胫节具刺，末端的刺较长。

蓝边矛丽金龟 *Callistethus plagiicollis* Fairmaire

【鉴别特征】

　　头部及前胸背板具有浅绿色金属光泽，鞘翅浅棕色，色泽鲜艳美丽，背面光滑无毛，鞘翅有成行的刻点；后足深蓝色，胫节有刺，末端除具有刺外，还具有2个较大的距；腹部深蓝色，末端2节浅棕色。成虫取食植物地上部分，幼虫取食植物地下根茎。

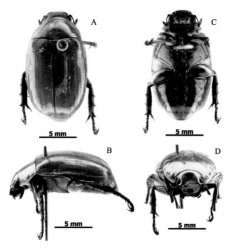

蓝边矛丽金龟 *Callistethus plagiicollis* Fairmaire

A. 成虫背面观；B. 成虫侧面观；C. 成虫腹面观；D. 头部正面观

【寄主】

　　核桃、葡萄、野葡萄。

【分布】

　　东北至华中大部分地区。

异丽金龟属

Anomala Samauelle

【属性特征】成虫体中至大型，椭圆形，背部隆起，具有强烈的金属光泽。唇基较宽，前缘直；前胸背板呈梯形，前窄后宽，背板隆拱明显；鞘翅肩瘤较明显；小盾片三角形；前足胫节外缘端部具齿。

铜绿异丽金龟 *Anomala corpulenta* Motschul

体长 15～18mm。体背面铜绿色，有亮丽的金属光泽；腹面红铜色。

【鉴别特征】

头宽大，背面观为绿色，唇基前缘向上翘起，唇基和额区表面均有不规则的皱纹；触角9节，黄褐色；前胸背板发达，绿色，密生刻点，两侧边缘微翘，呈黄褐色；鞘翅具铜绿色光泽，有三条不明显的隆起纵纹；胸部腹板黄褐色，有细毛；腹部米黄色，有光泽；臀部三角形，有三角形黑斑；雌虫腹面乳白色，末节有1棕黄色横带；足腿节为黄褐色，胫节和跗节深褐色，前足胫节外侧具2齿，跗节5节，末端分叉，后足均不分叉。

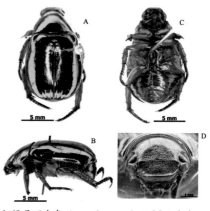

铜绿异丽金龟 *Anomala corpulenta* Motschul

A. 成虫背面观；B. 成虫侧面观；
C. 成虫腹面观；D. 头部正面观

【寄主】

杨、柳、榆、栎、松、杉、柏、核桃、栗、柿、苹果、沙果、海棠、樱桃、梨、杏、桃等。

【分布】

河北、黑龙江、辽宁、天津、山西、内蒙古、北京、山东、江苏、浙江、河南、湖北、湖南、四川、陕西、甘肃、青海、云南。

蒙古异丽金龟 *Anomala mongolica* Falder

> 【属性特征】成虫体长约 18mm，宽 10mm。体深绿到墨绿色，有铜黄色金属光泽，腹面有浅紫色光泽，背面无毛。

【鉴别特征】

体中至大型，长椭圆形。唇基梯形，前缘微弧形；头前部密布深大刻点，后头布细密刻点；前胸背板隆拱明显，前窄后宽向头部弯曲，前缘有透明角质饰边，两侧角为锐角；鞘翅肩瘤较明显，纵隆带不明显，侧缘前段显著靠拢，最阔点接近基部，中区可见微弱光滑纵带；小盾片三角形，宽略大于长，中央有深大刻点，侧缘及端部光滑；体背面均匀密布有粗大刻点；前足胫节外缘端部具 2 齿；跗节 5 节；前足、中足爪端部分裂为二，后足爪均不分叉。

蒙古异丽金龟 *Anomala mongolica* Falder

A. 成虫背面观；B. 成虫侧面观；
C. 成虫腹面观；D. 头部正面观

【寄主】

杨、柳、柞、黄波罗、核桃。

【分布】

河北、辽宁、吉林、黑龙江、内蒙古、山东、云南。

多色异丽金龟 *Anomala chaemeleon* Fairmaire

【属性特征】成虫体长 13mm，宽 7mm。体色差异较大，有深铜绿色、浅紫铜色、蓝黑色等。头和前胸背板深铜绿色，鞘翅金黄色。

【鉴别特征】

体中型，卵圆形。头部、前胸背板和鞘翅密布细小刻点；唇基呈梯形，前缘两侧呈弧形；前胸背板后缘无明显边框，内侧仅见浅横沟，后侧角圆弧形，腹面被有密且细的绒毛；小盾片呈半圆弧形；鞘翅上具有纵脊或刻点行；腹部腹面前 3 ~ 4 节侧端纵脊，无或有淡色斑点；前足胫节有 2 齿，端齿尖锐，后足胫节末端有两枚端距，跗节 5 节，末端大分裂；触角 9 节，鳃片部宽大，其长相当于触角总长的 1/2，雄虫鳃片部宽厚长大，长度约为前 5 节总长的 1.5 倍。

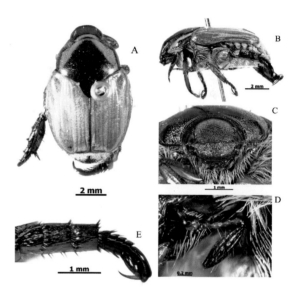

多色异丽金龟 *Anomala chaemeleon* Fairmaire

A. 成虫背面观；B. 成虫侧面观；C. 头部正面观；
D. 成虫触角；E. 成虫后足

【寄主】

核桃。

【分布】

河北、云南、吉林、辽宁、内蒙古、山西，朝鲜。

花金龟科 Cetoniidae

体中至大型。有金属光泽，颜色鲜艳。体宽阔，背面扁平。触角鳃叶状，前足开掘式。上唇膜质或退化。中胸背板有圆形向前突出。小盾片较大。鞘翅前侧缘有凹刻，凹刻处可从背部看到腹部，这是其区别于丽金龟和鳃金龟的重要特征。气门位于腹板的背面。该科昆虫通常白天在花间活动、觅食，俗称花金龟。

危害特点：花金龟科属于金龟总科，其危害方式与鳃金龟科和丽金龟科相似。幼虫和成虫均可造成危害。幼虫生活在土壤中，危害多种植株的根系；成虫以危害植物繁殖器官——花为主，在花上活动或觅食等，影响核桃产量。

青花金龟属

Oxycetonia Arrow

【属性特征】体型较小，椭圆形，多数具斑点和绒斑，有些遍布长绒毛；唇基狭长，前部强烈收狭，前缘具中凹，两侧边缘呈弧形或钝角形扩展；前胸背板稍宽，后缘具中凹，外侧微圆隆；小盾片为长三角形，末端钝；鞘翅狭长，后外端缘圆弧形，缝角不延伸；臀板短宽；中胸腹突狭而短，前端较圆；前足胫节外缘具3齿，跗节较细长，爪稍小，呈弧形。

小青花金龟 *Oxycetonia jocunda* Faldermann

体型较小、稍狭长，体表为绿色、黑色、暗红色、古铜色等，变化甚大，散布较多各种形状的白绒斑。

【鉴别特征】

唇基狭长，前部强烈变窄，前缘中凹较深；背面密布小刻点，头部密被绒毛。前胸背板稍短宽，近于椭圆形，密布长绒毛和小刻点，两侧的刻点和皱纹较密粗，两侧各有一个白绒斑，近边缘的斑点较分散，有些前后连接，但也有些无斑；小盾片狭三角形，末端较钝，基部散布小刻点；鞘翅狭长，肩部最宽，两侧向后稍变窄，后部外侧端缘圆弧形，表面遍布稀疏弧形刻点和浅黄色长绒毛，近端部有横向 4 个白斑，其中靠近前缘的 2 个横斑较大，另外 2 个较小；中胸腹突稍突出，前部较窄；后胸腹板中部除中央小沟外其余很光滑，两侧密布皱纹和浅黄色长绒毛；腹部褐色、光滑，分节明显，各节有排列整齐的细长毛，腹部侧缘各节后端具有白色斑；前足胫节外缘具 3 个尖齿，中、后足胫节外侧具中纵突。

【寄主】

棉花、板栗、桃、杏、李、柞、栎、核桃。

【分布】

河北、陕西、四川、云南、台湾、内蒙古、山西、北京、辽宁、吉林、黑龙江、江苏、浙江、山东、湖南，朝鲜，俄罗斯，尼泊尔，日本，孟加拉国，印度，北美洲各国。

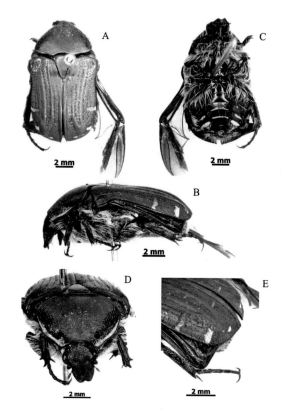

小青花金龟 *Oxycetonia jocunda* Faldermann

A. 成虫背面观；B. 成虫侧面观；C. 成虫腹面观；
D. 头部正面观；E. 成虫腹部的斑纹

罗花金龟属
Rhomborrhina Hope

【属性特征】体型中至大型，表面釉亮，大多呈绿色中泛红色和黑色、褐色、紫罗兰色等。唇基方形或近于长方形，前缘向上翘折，接近横直，两侧具边框，外缘向下方扩展，边缘多呈钝角形，多数种类背面中央具纵向隆起；前胸背板近于梯形，侧边弧形，有边框，后角稍圆，后缘接近横直，或具中凹，背面通常呈拱形；小盾片呈长三角形；鞘翅；基部最宽，肩后外缘一般稍向内弯曲，后外端缘圆弧形，缝角通常不突出，背面较平滑；臀板多数短宽，近于三角形；中胸腹突具各种形状，向前强烈突出；后胸腹板较宽阔，中部通常光滑，两侧皱纹较粗糙；腹部光滑，具不同程度的刻点；前足胫节雄窄雌宽，外缘雄虫有1齿，雌虫有2齿，中后胫节内侧有长绒毛，跗节稍细长，爪大而弯曲。

紫罗花金龟 *Rhomborrhina gestroi* Moser

体长35mm，宽15mm。体表面釉亮，紫罗兰色，前胸背板和腹部腹面蓝紫色，前翅浅茄紫色。

【鉴别特征】

唇基稍狭长，近于方形，前部稍宽，前缘向上折翘，接近横直，两侧边框明显，外侧向下呈钝角形斜扩；背面密布小刻点，中央纵隆较高，头部光滑无刻点；前胸背板近于梯形，前缘窄，后缘较宽，两侧向前收窄，边缘近于弧形，具较宽边框，后缘中央凹入较明显；小盾片呈长三角形，基部较宽，散布少量小刻点；前翅基部最宽，肩后缘稍弯曲，两侧向后强烈变窄，后外端缘圆弧形，翅缝后部显著；背面密布刻点行；中胸腹突向前延伸，

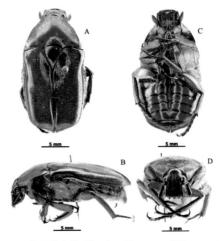

紫罗花金龟 *Rhomborrhina gestroi* Moser

A. 成虫背面观；B. 成虫侧面观；
C. 成虫腹面观；D. 头部正面观

前部稍宽，两侧近于平行，很光滑，散布细小刻点；后胸腹面光滑，中央小沟较窄而浅；腹部光滑，两侧呈波浪状；前足胫节稍宽扁，外缘有 1 ～ 2 个齿，中、后足胫节外侧中隆突尖齿状，内侧排列金黄色穗状绒毛，后足胫节绒毛较少，跗节稍细长，爪大而弯曲。

【寄主】

柑橘、荔枝、核桃。

【分布】

浙江、江西、云南，印度。

绿罗花金龟 *Rhomborrhina unicolor* (Motschulsky)

体长 27mm，宽 13mm。体背和腹面均为绿色，各足胫节和跗节为蓝绿色。

【鉴别特征】

唇基狭长，前缘向上折翘，两侧边框近于平行，背面密布小刻点和皱纹，头顶光滑无刻点；前胸背板梯形，基部最宽，两侧向前收窄，近于弧形，后缘中央向前稍凹入；小盾片形状为等腰三角形，末端尖锐，表面光滑无刻点；前翅基部较宽，肩后外缘稍弯曲，两侧向后稍变窄；中胸腹强烈向前突出，两侧近于平行。

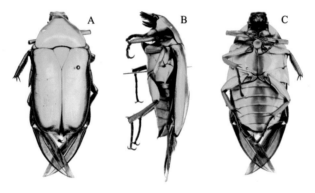

绿罗花金龟 *Rhomborrhina unicolor* (Motschulsky)

A.成虫背面观；B.成虫侧面观；C.成虫腹面观

【寄主】

柑橘、栎类、核桃。

【分布】

浙江、湖北、江西、湖南、福建、广东、广西、海南、四川、贵州、云南，日本。

长蠹科 Bostrychidae

体小至中型，长圆筒形，棕色、浅褐至深褐色或黑色；触角短，8～10节，末端球杆部3节；前胸背板前半部有小齿和棘状突起；鞘翅末端急剧向下倾斜，周缘具棘状和角状突起。

长棘小蠹属

Lycaeopsis

【属性特征】体型较小，粗壮，体红棕色或浅棕色。前胸背板呈半球形隆起；鞘翅具有刻点行，在鞘翅末端急剧向下倾斜的截面上，通常具棘状突起。

长棘小蠹 *Lycaeopsis zamboangae*

成虫体长4.0～5.5mm。体红棕色，圆柱形；头密布颗粒，其前缘有一排小的瘤状突起，上颚发达，粗而短，末端平截；额上有一条横脊；前胸背板半球形，盖住头部，前半部有齿状和颗粒状突起，后半部具刻点；鞘翅密布粗刻点，被灰黄色细毛，后端急剧下倾，倾斜面黑色、粗糙，斜面合缝两侧有1对刺状隆起。

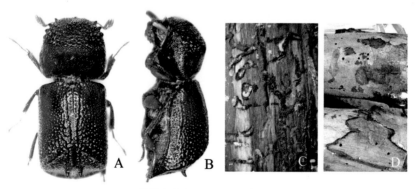

长棘小蠹 *Lycaeopsis zamboangae*

A. 成虫背面观；B. 成虫侧面观；C. 成虫危害木质部症状；D. 成虫在树皮上留下的钻蛀孔

半翅目 Hemiptera

　　广义半翅目包括狭义的半翅目和同翅目。20 世纪 60 年代以来，随着比较形态学、分子生物学、化石材料和系统发育研究的不断深入，有资料证明广义半翅目是一个单系群。2005 年梁爱萍提出，停止使用同翅目的观点，将原来狭义同翅目的类群归入广义半翅目，主要包括常见的蟋、蝉、沫蝉、叶蝉、角蝉、蜡蝉、蚜虫、粉虱、木虱和蚧壳虫等，是昆虫纲中较大的类群之一。

　　主要识别特征：成虫体型多样，小至大型，体长 1.5 ～ 110mm。复眼大，单眼 2 个或 3 个，或缺失；触角丝状、鬃状、线状或念珠状，伸出或隐藏在复眼下的沟内；口器刺吸式，喙 1 ～ 4 节，多为 3 节或 4 节；无下颚须和下唇须；前胸背板大，中胸小盾片发达，外露；前翅半鞘翅或质地均一，膜质或革质，休息时呈屋脊状放置，有些蚜虫和雌性蚧壳虫无翅，雄性蚧壳虫后翅退化成伪平衡棒；跗节 1 ～ 3 节；雌虫常有发达的产卵器。发育类型为不完全变态，若虫似成虫。

蝽科 Pentatomidae

体中至大型，椭圆或长椭圆，具不同色泽和花纹。头小，多呈三角形；触角5节，少数4节，位于头部腹面的侧下方，第1节较短，不超过或超过头顶前端；喙4节，长短不等，长的几乎伸达腹部末端，短的不到前足基节；前胸背板通常六角形，但其前角、侧角和前侧缘的形态变化较大；小盾片发达，三角形或其他形状，大的可覆盖侧接缘与前翅的绝大部分，仅露出前翅革片的最基部，小的不为前翅爪片所包围；前翅长于、等于或短于腹末，膜片脉纹简单，常具纵脉，后翅膜质，脉纹变化较大；足的腿节常较粗壮，胫节多细长，少数扩展扁平，跗节3节为主，少数2节，爪和爪垫发达，是农林业上的重要害虫。

危害特点：该类昆虫具有典型的刺吸式口器，通过口针刺入吸收植物汁液造成直接危害，成虫、若虫均可在寄主叶片的背面刺吸危害，被害叶片正面出现苍白斑点，受害严重时叶片枯黄脱落，严重影响树势和产量，并可以诱发煤污病。有时还可以传播病毒病造成间接危害，这是半翅目昆虫造成较大经济损失的主要途径。

半翅目昆虫危害叶片及枝干生态照

A. 长叶蝽在树干危害；B. 麻皮蝽在叶片背面产卵；C. 刚孵化出来的蝽科幼虫；
D. 硕蝽在刺吸核桃枝条的汁液；E. 盾蝽科昆虫危害核桃树嫩梢；F. 锈赭缘蝽准备刺吸叶片的汁液；
G. 龟蝽科昆虫在叶片背面危害；H. 巨蝽刺吸叶片的汁液；I. 全蝽吸叶片的汁液

麻皮蝽属

Erthesina Spinola

【属性特征】体中至大形，较宽，黑色而具细碎的不规则黄斑；头部狭长，侧叶与中叶末端平齐，侧叶的末端较尖；前胸背板侧角末端不成结节状，较尖而略伸出；腹部下方中央有凹下的纵沟；前足胫节加宽，扩大成叶状，前侧缘前半略呈锯齿状，有臭腺。

麻皮蝽 *Erthesina fullo* (Thunberg)

成虫体长 21.0 ～ 24.5mm，宽 10.0 ～ 11.5mm。体较宽大，黑色，密布黑刻点和不规则细黄斑。头部狭长，触角黑色，喙淡黄色。

【鉴别特征】

头部突出及背面有 4 条黄白色纵纹，纵纹从中线顶端向后延伸至小盾片基部，头部前端至小盾片基部有 1 条明显的黄色细中纵线；触角 5 节，黑色，第 1 节短而粗大，第 5 节基部 1/3 为浅黄白或黄色，喙末节为黑色，伸达腹部第 3 节后缘；前胸背板及小盾片为黑色，有粗刻点及散生的白点，前胸背板前缘和侧缘为黄色窄边，前侧缘前半部略呈锯齿

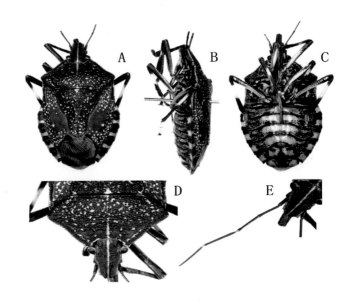

麻皮蝽 *Erthesina fullo* (Thunberg)

A. 成虫背面观；B. 成虫侧面观；C. 成虫腹面观；
D. 头部正面观；E. 成虫触角

状，侧角呈三角形，略突出；胸部腹板黄白色，密布黑色刻点；臭腺沟缘较长而端部向上缓慢弯曲；各腿节基部 2/3 浅黄色，两侧及端部黑褐，各胫节黑色，中段具淡绿白色环斑；腹部各节侧缘中间具小黄斑，腹面黄白色，节间黑色，两侧散生若干黑色刻点，气门黑色，腹面中央具 1 纵沟，长达第 5 腹节。

【寄主】

苹果、梨、柑橘、泡桐、白杨、李、梅、桃、杏、枣、石榴、板栗、核桃等。

【分布】

河北、山西、陕西、山东、江苏、浙江、江西、广西、广东、重庆、四川、贵州、云南。

斑须蝽属

Dolycoris Mulsant

【属性特征】体中型，较宽扁，椭圆形，体黄褐色至黑褐色。头部较狭长，头侧叶末端超出中叶的末端；有小盾片；触角黑色，触角节末端及基部多为白色；前翅革片无明显的黑色横斑，膜片上的脉与膜片同色，不呈黑色；足及腹下淡黄色，雄虫生殖节侧面观下叶阔大，长于上叶，下叶末端无毛；有臭腺，臭腺沟略长。

斑须蝽 *Dolycoris baccarum* (Linnaeus)

成虫体长 8.0 ～ 12.5mm，宽 4.5 ～ 6.0mm，椭圆形，黄褐色，密被白色绒毛和黑色小斑点，触角 5 节，黑色和黄色相间；前翅革质，部分淡红褐色，膜质部分黄褐色，透明。

【鉴别特征】

触角黑色，节间黄白色，5 节，第 1 节全部、第 2 ～ 4 节的基部和末端、第 5 节基部淡黄色，形成黄黑相间的斑纹；前胸背板前侧缘略上翘，常形成淡白色边，后部常呈暗红色；小盾片三角形，两基角处黄色小斑 1 个，末端钝而光滑，黄白色；前翅革片淡红褐至暗红褐色，侧缘外露，黄黑相间，腹片黄褐透明；足及腹部淡黄色。

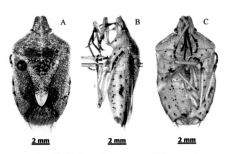

斑须蝽 *Dolycoris baccarum* (Linnaeus)

A.成虫背面观；B.成虫侧面观；C.成虫腹面观

【寄主】

禾谷类，豆类，蔬菜，棉花、烟草、亚麻、桃、梨、柳、核桃等。

【分布】

黑龙江、吉林、辽宁、河北、山东、河南、陕西、新疆、江苏、浙江、四川、福建、广东、广西、西藏、云南，日本，印度。

珀蝽属

Plautia Stal

【属性特征】体中型，体青绿色或黄褐色，鲜艳而有光泽；头部侧缘肥厚，不呈扁薄的叶片状，头侧叶狭长，头部长度与宽度约相等，或长大于宽；触角黑色或深绿黑色；前胸背板侧角伸出较长，尖端广阔而鲜红色。

珀蝽 *Plautia fimbriata* (Fabricius)

体长 8.0 ～ 11.5mm，宽 5 ～ 6mm。体密被黑色或与体同色的细刻点；头鲜绿色，复眼棕黑色，单眼棕红色，小盾片鲜绿色，前胸背板鲜绿色，侧角末端处常为肉红色，后侧缘处刻点较密而黑，前翅革片外域鲜绿，内域大部分区域暗红色，刻点较粗大。

【鉴别特征】

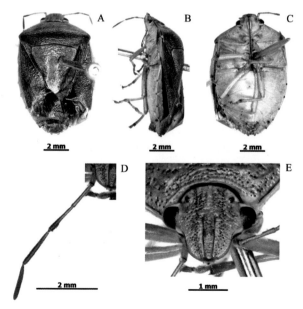

珀蝽 *Plautia fimbriata* (Fabricius)

A.成虫背面观；B.成虫侧面观；C.成虫腹面观；D.成虫触角；E.头部正面观

体小至中型，椭圆形，有光泽；触角第 2 节绿色，3～5 节绿黄，末端黑色。前胸背板鲜绿，两侧角圆而稍凸起，后侧缘红褐色；小盾片鲜绿，末端色淡；前翅革片暗红色，刻点粗黑；腹部淡绿色，中央区域颜色稍淡。

【寄主】

茶、梨、桃、李、杉、水稻、大豆、银杏、柑橘、盐肤木、泡桐、马尾松、龙眼、柿、菜豆、黑莓、核桃。

【分布】

陕西、甘肃、北京、山东、四川、云南、重庆、湖北、贵州、福建、浙江、西藏，斯里兰卡，菲律宾，马来西亚，缅甸，日本，印度尼西亚。

茶翅蝽属

Halyomorpha Mayr

【属性特征】体近椭圆形，扁平，灰褐带紫红色，头部侧叶较宽，侧缘在近前端处成一明显的角度比较突然的弯曲，触角5节，第2节短于第3节，第4节两端和第5节基部黄色，前胸背板前角略向外伸出，侧角较圆钝，向外伸出不多。小盾片基部有横列小点5个，腹部两侧黑白相间。

茶翅蝽 *Halyomorpha picus* (Fabricius)

成虫体长约15mm。体中型，椭圆形略扁平，茶褐色、淡褐色或黄褐色，体色变异较大，触角黄褐色，前胸背板前端有4个斑点，翅褐色，基部色较深，腹面淡黄白色。

【鉴别特征】

体长12～17mm，宽5.5～9.0mm，茶褐色，具黑色刻点，或在身体各部具金绿色闪光刻点；触角黄褐色，第3节端部、第4节中部、第5节大部为黑褐色；前胸背板前缘有4个黄褐色横列的斑点；小盾片发达，三角形，向后延伸呈舌状；翅烟褐色或茶褐色；侧缘黄黑相间，腹部腹面淡黄白色。

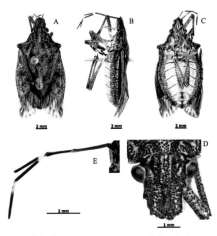

茶翅蝽 *Halyomorpha picus* (Fabricius)

A. 成虫背面观；B. 成虫侧面观；
C. 成虫腹面观；D. 头部正面观；E. 成虫触角

【寄主】

梨、泡桐、丁香、榆、桑、海棠、山楂、樱桃、桃、苹果、马褂木、枣、杨梅、杜仲、丁香、石榴、核桃。

【分布】

四川、云南、江西、广西、贵州，印度。

长叶蝽属

Amyntor Stal

【属性特征】体中至大型，椭圆形略扁，灰褐色至黑褐色，密布黑色小刻点；前胸背板前侧缘有锯齿；小盾片基缘有光滑的小斑；翅膜片淡褐色；触角黄褐色，第1节散布小的黑色斑点，第4、5节端半部黑色；腹部黄褐色，密布黑色小点。

长叶蝽 *Amyntor obscurus* (Dallas)

成虫体长 13.5～16.0mm，宽 7mm，棕黑色至黑褐色，体被密布黑刻点，复眼黑褐色，单眼红色，喙较长，小盾片基部稍隆起，腹部气门周围黑色。

【鉴别特征】

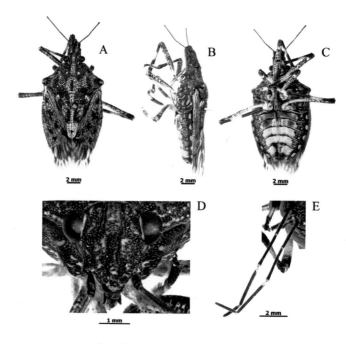

长叶蝽 *Amyntor obscurus* (Dallas)

A. 成虫背面观；B. 成虫侧面观；C. 成虫腹面观；D. 头部正面观；E. 成虫触角

体背棕褐至黑褐色,长卵形;头长三角形,头侧叶长于中叶,并在中叶前端会合,末端钝圆,侧缘不平整,在近端处突出成钝角状,伸出于中叶前方甚多;触角第 1 节黄褐色,外侧有黑色纵纹,第 2、3 节和第 4 节基部红褐色,其余黑色,第 5 节基半部亮黄褐色,端半部黑色;喙伸达第 1 腹节基部;前胸背板前侧缘黄褐色,前部锯齿状、侧角非常显著,突出而不锐,稍向上翘,前胸背板上隐约有 5 条淡色纵纹,中央 1 条可延至小盾片末端;小盾片基部稍隆起,端部狭长呈柄状,末端弧圆;前翅革片微具红泽,膜片透明,微黄,稍长于腹末;前、中胸侧板左右各有 1 小黑点,后胸侧板上的小黑点有时消失;各足黄褐色具红泽,有黑刻点;腹板中央有时有 1 黑褐色纵纹。

【寄主】

云南松、栎类,核桃。

【分布】

云南、江西、广西、四川、贵州,印度。

菜蝽属
Eurydema Laporte

【属性特征】体红黑色有光泽，前胸背板表面不隆起，前缘成明显的"领圈"状。

菜蝽 *Eurydema dominulus* (Seopoli)

体长 6 ～ 9mm，宽 3.5 ～ 4.5mm，椭圆形，体红黑色相间，头部黑色，侧缘橙红色，触角黑色。

【鉴别特征】

前胸背板有 6 块黑斑，前 2 块为横斑，后 4 块斜长，中间 2 宽斑较大；小盾片中央有 1 大三角形黑斑，外缘形成砖红色的边缘；爪片及革片内侧黑色，中部有宽横黑带，近端角处有一小黑斑；足黄、黑相间；腹部乳黄色，每节两侧各有一黑斑，中央靠前缘处也各有 1 个黑色横斑，有的黑斑为圆弧状。

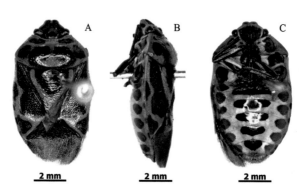

菜蝽 *Eurydema dominulus* (Seopoli)

A. 成虫背面观；B. 成虫侧面观；C. 成虫腹面观

【寄主】

甘蓝、白菜、油菜、萝卜、芥菜、菊科植物、核桃。

【分布】

黑龙江、吉林、青海、四川、贵州、台湾，俄罗斯，欧洲各国。

全蝽属

Homalogonia Jakovlev

【属性特征】前胸背板一般不前倾而后隆，侧角明显伸出，末端圆钝，并略微指向前方，前侧缘内凹；臭腺沟缘较长，端部成细长的尾状；腹基部中央有脊状隆起。

全蝽 *Homalogonia obtusa* (Walker)

体长 12.5 ～ 15.0mm，宽 7.5mm。体栗色至黑褐色，密布粗大的黑色刻点。

【鉴别特征】

触角黄褐或红褐色，第 4、5 节端半黑褐色；前胸背板前侧缘有粗锯齿状突起，侧角非常突出，末端圆钝，略指向前上方；小盾片三角形，非常发达，占整个腹部的 1/3 面积；翅膜片较小，为极淡的烟色；足及腹部淡黄褐色，腹节两侧有黑色斑块，足上有黑色小斑点。

【寄主】

胡枝子、栎、油松、核桃。

【分布】

黑龙江、吉林、辽宁、北京、河北、陕西、甘肃、江苏、湖北、四川、福建、广西、西藏，俄罗斯，印度，日本。

全蝽 *Homalogonia obtusa* (Walker)

A. 成虫背面观；B. 成虫侧面观；C. 成虫腹面观；
D. 头部正面观；E. 成虫触角

普蝽属
Priassus Stal

【属性特征】体浅黄褐色，头部及前胸背板有微红色金属光泽，前胸背板前侧角多向外伸出成尖角状，后胸腹板隆出，成鸡胸状，小盾片及翅革片内域无黑刻点。

尖角普蝽 *Priassus spiniger* Haglund

体长18mm，椭圆形，淡黄褐色，头及前胸背板前半部微红色，侧角伸长而尖锐，在红色区域及前翅革片外域密布黑色刻点。触角、足及身体腹面都为淡黄色，喙伸过中足基节。

【鉴别特征】

头及前胸背板前部、侧角红色，具有黑色刻点；复眼棕红色，单眼红色，触角淡黄褐色，喙端黑，末端伸过后足基节；前胸背板前侧缘细锯齿状，侧角向前侧方伸出体外，内具黑色刻点；小盾片三角形，发达，末端略凹陷；前翅膜片色淡透明，末端伸过腹末；腹部腹面中央具纵隆脊。

【寄主】

板栗、樱桃、桃、梨、核桃。

【分布】

浙江、湖北、江西、湖南、广西、四川、贵州、云南、西藏，印度，缅甸，印度尼西亚。

尖角普蝽 *Priassus spiniger* Haglund

A. 成虫背面观；B. 成虫侧面观；C. 成虫腹面观；
D. 头部正面观；E. 成虫触角

硕蝽属

Eurostus Dallas

【属性特征】雌虫生殖前节末端的侧角末端不伸达生殖节的后缘；小盾片两侧缘处金绿色；后足股节下方近基部处有刺，雄虫的刺极大，且股节粗壮发达。

硕蝽 *Eurostus validus* Dallas

体长 25 ～ 34mm，宽 11.5 ～ 17.0mm，椭圆形。茄褐色或绿色，具金属光泽；全身密布细刻点；头小、三角形；小盾片上有明显的皱纹，末端红色；触角黑色，末节枯黄；喙黄褐色，足与体色相同。

【鉴别特征】

体大型，表面泛绿色金属光泽，前胸背板前缘带蓝绿色；小盾片近正三角形，有强烈的皱纹，两侧缘蓝绿色，末端呈红色小匙状；前胸背板发达，宽于鞘翅，前侧缘及后侧缘边缘上翘；腹部蓝绿色，每节缝处微红，两侧角较尖，第 1 腹节背面近前缘处有 1 对发音器，长梨形；足深栗色，跗节稍黄，腿节近末端有 2 个锐刺。

硕蝽 *Eurostus validus* Dallas
A. 成虫背面观；B. 成虫腹面观

【寄主】

梨、松、板栗、茅栗、核桃、白栎、梧桐、泡桐、苹果。

【分布】

山东、河南、陕西、浙江、福建、广东、广西、重庆、四川、台湾、云南。

巨蝽属

Eusthenes Laporte

【属性特征】体型较大，雄虫后足股节粗大，近基部有1大刺；触角4节；前胸背板侧角伸出，后胸腹板明显隆起，表面与足的基节外表面在同一平面上；腹部第1节气门外露。

巨蝽 *Eusthenes robustus* (Lepeletier et Serville)

体长30～38mm，宽18～23mm，椭圆形，深紫褐色至墨绿色，有金属光泽，密布刻点，腹部中央区域色较淡。

【鉴别特征】

头小，近三角形；触角黑色，4节，末端不伸达中胸腹板后缘；前胸背板刻点较密，前缘边缘翘起，前角略突出，侧角弧形，稍向外伸出；小盾片三角形，具微弱横皱纹；前翅膜片褐色，长于腹末；足黑褐色，有光泽，腿节基部细小，端部粗大，近端处有2个大刺；雌雄异型，雌虫后足正常，雄虫后足腿节特别粗大，基部具1大刺。

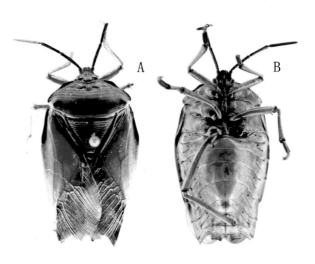

巨蝽 *Eusthenes robustus* (Lepeletier et Serville)
A. 成虫背面观；B. 成虫腹面观

【寄主】

核桃。

【分布】

浙江、江西、福建、广东、广西、云南，斯里兰卡，印度，越南，印度尼西亚。

二星蝽属

Eysacoris Ellenrieder

【属性特征】体型较小，褐色，常有铜质光泽；小盾片发达，两基角分别具有黄色光滑的小圆斑；前胸背板侧角略向外伸出。

二星蝽 *Eysacoris guttiger* Thunberg

体长 4～6mm，卵圆形。头部及前胸背板前缘黑色，少数个体头基部具浅色短纵纹；触角浅黄褐色，有 5 节；小盾片发达，向后延伸呈舌状，伸达腹末前端，小盾片基角有 2 个黄白色光滑的圆斑。

【鉴别特征】

喙浅黄色，末节黑色，伸达腹部第 1 节的中部；前胸背板侧角稍凸出，末端钝圆，侧缘有略翘起的黄白色狭边；小盾片发达，舌状延伸至腹末前端，两基角处各有 1 个黄白或玉白色斑块；前翅稍长于腹部末端，几乎全部盖住腹侧；足黄褐色，具黑点，跗节褐色；腹部为光亮的漆黑色，侧区淡黄，密布黑色小刻点。

【寄主】

桑、竹、大豆、榕树、泡桐、油茶、杨梅、无花果、核桃。

【分布】

山西、陕西、江苏、湖北、福建、重庆、四川、广东、广西、云南，日本，印度，越南，缅甸。

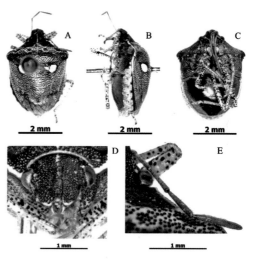

二星蝽 *Eysacoris guttiger* Thunberg

A. 成虫背面观；B. 成虫侧面观；C. 成虫腹面观；
D. 头部正面观；E. 成虫触角

绿蝽属

Nezara Amyot Serville

【属性特征】体多为鲜明的绿色或黄绿色，腹基部中央微向前呈较短的钝角状突起，但不伸达后足基节；头侧缘略内凹；前胸背板较饱满，前侧缘处略为扁薄，但不翘起，侧角圆钝，不伸出；具有臭腺。

稻绿蝽 *Nezara viridula* (Linnaeus)

体长 13mm 左右，具多种不同色型，基本色型个体全体绿色，或除头前半区与前胸背板前缘区为黄色外，其余全为绿色，但部分个体表现为虫体大部分为橘红色，或除头胸背面具浅黄色或白色斑纹外，其余为黑色。

【鉴别特征】

体型中等，稻绿色，头近三角形，前段及前胸背板两侧角之间为黄色；前胸背板黄色部分的后缘成波纹状，其余部分青绿色；触角 5 节，基节黄绿，第 3 ～ 5 节末端棕褐色，复眼黑色，在复眼上方具 2 个红色单眼；喙 4 节，末端黑色，伸达后足基节；小盾片长三角形，基部有 3 个横列的小白点，末端狭圆，先后延伸超过腹部中央；前翅稍长于腹末；腹部淡绿色，密布黄色斑点；足绿色，跗节 3 节。

稻绿蝽 *Nezara viridula* (Linnaeus)

A. 成虫背面观；B. 成虫侧面观；C. 成虫腹面观；
D. 成虫触角；E. 头部正面观

【寄主】

水稻、芝麻、绿豆、菜豆、核桃。

【分布】

北京、安徽、江西、四川、贵州、福建、广西、云南。

盾蝽科 Scutelleridae

体中至大型，椭圆或长椭圆形，背面隆起；多数种类具有艳丽的色斑和金属光泽；触角 5 节，第 2 节较短，少数种类是 4 节；喙 4 节，伸达或超过后足基节；小盾片特别发达，向后延伸盖住腹部和前翅的绝大部分，是本科最大也是最典型鉴别特征。

危害特点：盾蝽科昆虫的危害特点与半翅目其他科昆虫相似，均通过口针刺入摄取植物汁液造成危害，被害叶片产生白色或黄色斑点，受害严重时叶片枯黄脱落，影响树势和产量。

宽盾蝽属

Poecilocoris Dallas

【属性特征】体中型，多宽短而后端较圆，因多具花斑而较为鲜艳，背腹面均明显隆起；前胸背板和小盾片的连接处不向下陷入；小盾片基部无横刻纹。臭腺孔及臭腺沟明显。

黄宽盾蝽 *Poecilocoris rufigenis* Dallas

体长 17 ～ 20mm，宽 9 ～ 15mm，宽椭圆形，黄或橘黄色；前胸背板有 4 个明显的斑块、花纹；小盾片发达，向后延伸盖住整个腹部，具有 8 个褐色的斑块和斑点，其中 6 个较大，分别位于前缘中间的 2 个和中央区域的横向 4 个，2 个较小的斑点位于末端。

【鉴别特征】

头部中叶略长于侧叶，基部及中叶黑色，侧缘内凹；复眼暗棕色，2 个单眼红色；触角蓝黑；喙黑，末端伸过第 4 可见腹节；前胸背板前缘略平直，具狭卷边，侧角近圆，其后缘外侧有 1 小黑斑；前翅基部外露，淡黄褐，外缘黑色，膜片淡黄褐，稍伸出腹末；足蓝黑色，腹部黄褐色，具金属光泽，第 2 ～ 5 可见腹节的侧缘及第 6 可见腹节近中部处各具黑色斑纹。

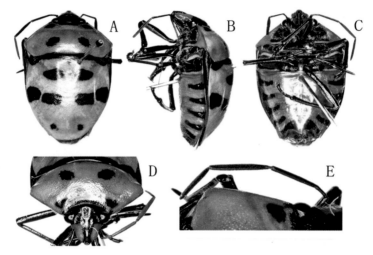

黄宽盾蝽 *Poecilocoris rufigenis* Dallas

A. 成虫背面观；B. 成虫侧面观；C. 成虫腹面观；D. 头部正面观；E. 成虫触角

【寄主】

　　油茶、油桐、板栗、核桃。

【分布】

　　广东、广西、贵州、云南，印度，不丹，缅甸。

红蝽科 Pyrrhocoridae

体中至大型，长椭圆形，体通常红色具有黑色斑块，革片常有圆斑；触角4节；无单眼；喙4节；前翅膜片上纵脉多于5条，少数种类翅脉连接成不规则的网状，有短翅类型或同一种内具短翅型个体。

危害特点：红蝽科昆虫口器为典型的刺吸式口器，其危害特点与半翅目其他科昆虫相似，均通过口针刺入摄取植物汁液造成危害，被害叶片产生白色或黄色斑点，受害严重时叶片枯黄脱落，影响树势。

巨红蝽属

Macroceroea Spinola

【属性特征】体强烈延伸，触角极长，第1节约为头及前胸背板长度之和的1.5倍，由眼至触角基前端的距离约为眼长的两倍，爪片缝短于革片顶缘；足细长，前足股节稍粗。

巨红蝽 *Macroceroea grandis* (Gray)

雄虫体长约54mm，雌虫长约31mm，红色至朱红色，长卵形，具光泽，无单眼，触角极长。

【鉴别特征】

眼、触角（端部除外）、前胸背板中部、小盾片、爪片中部一斜带、革片中央一近三角形大斑、前翅膜片、胸侧板、足（除前足股节）及腹部腹板侧方各节接缝处斑均为棕黑色至黑色，各足股节基部和末端红色；雄虫触角极长，第1节约头及前胸背板长度之和的1.5倍，雌虫触角第1节稍长于头与前胸背板之和；革片略宽于腹部；足细长，前足股节稍粗，腹面有两条大小相间的刺毛列，近端部刺较粗大。

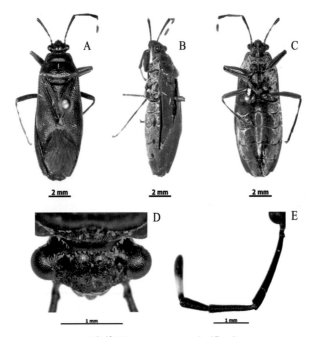

巨红蝽 *Macroceroea grandis* (Gray)

A. 成虫背面观；B. 成虫侧面观；C. 成虫腹面观；D. 头部正面观；E. 成虫触角

【寄主】

木槿、棉花、柑橘、葡萄。

【分布】

浙江、福建、广东、云南，印度，孟加拉国，菲律宾，印度尼西亚。

棉红蝽属

Dysdercus Amyot & Serville

【属性特征】体较窄长，触角第1节长于第2节，喙基节长于头；革片顶角狭长，尖锐；前翅较长明显超过腹部末端，膜片基部有两个明显楔片；腹部各节接和缝较平直，前足股节腹面近端部具刺。

离斑棉红蝽 *Dysdercus cingulatus* (Fabricius)

体长 12.0 ~ 17.5mm，长椭圆形，橘黄至橘红色，雄虫色稍淡；触角、复眼和小盾片均为黑色，足基节、转节、腿节基部橙红色，其余均为黑色。

【鉴别特征】

头三角形，头顶隆起；前胸背板侧缘、体腹面及股节基半部红色，前胸背板前半部中央有一近正方形的黑色边框；小盾片近正三角形；前翅革片中央具有1个黑色的大圆斑；前胸背板侧缘向上翘折，其后叶稍隆起，小盾片顶端尖锐，色浅；胸部和腹部腹面观每节前缘均具有黑色横带斑，形成明显的"虎形"斑。

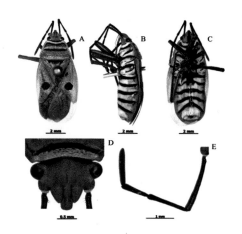

离斑棉红蝽 *Dysdercus cingulatus* (Fabricius)

A. 成虫背面观；B. 成虫侧面观；
C. 成虫腹面观；D. 头部正面观；E. 成虫触角

【寄主】

柑橘、甘蔗、棉。

【分布】

福建、海南、广东、广西、四川、云南，斯里兰卡，缅甸，马来西亚，印度尼西亚，菲律宾，澳大利亚。

斑红蝽属
Physopelta Amyot & Serville

【属性特征】体中至大型，头短于或等于宽，雌虫第7腹节腹板中央具纵缝；触角一般第1节短于头及前胸背板长度之和；由眼至触角基前端距离等于或稍长于眼长，爪片缝长于革片顶缘；前胸背板前缘不明显向上翘折，前翅革片具黑色或棕色圆斑。

突背斑红蝽 *Physopelta gutta* (Bumeister)

体长 14 ～ 19mm，宽 3.5 ～ 5.5mm。体狭长，两侧略平行。常棕黄色、背覆短毛和刻点。

【鉴别特征】

头顶、前胸背板中部、前翅膜片、胸腹面及足暗棕褐色；前胸背板侧缘及足基部通常红色；触角（除第1、4节基部黄褐色外）、复眼、小盾片、革片中央两大斑及顶角通常棕黑色；腹部腹面棕红色，有时黄褐色，腹部腹面侧方节缝处有3个显著新月形棕黑色斑；触角4节，第3节最短；喙棕褐色，其末端伸达后足基节；雄虫前胸背板前叶极隆起，小盾片、爪片及革片内侧有棕黑色粗刻点。

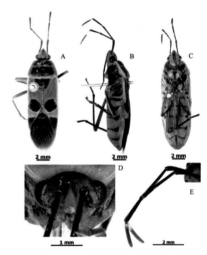

突背斑红蝽 *Physopelta gutta* (Bumeister)

A. 成虫背面观；B. 成虫侧面观；
C. 成虫腹面观；D. 头部正面观；E. 成虫触角

【寄主】

核桃、香榧、竹类、柑橘、油橄榄。

【分布】

甘肃、西藏、山东、苏州、四川、云南、广西、广东、台湾、香港，印度，缅甸，孟加拉国，斯里兰卡，日本，澳大利亚。

四斑红蝽 *Physopelta quadrigutta* Bergroth

体长 12 ～ 16mm，体背面浅棕红色，腹面棕色，密被短毛。前翅上有明显的 4 个黑色斑点。

【鉴别特征】

头顶、复眼、前胸背板及前翅膜片均为棕褐色；触角黑色，革片中央具有 1 个较大的黑色圆斑，在革片近顶角处也有 1 黑色小圆斑，第 3 ～ 5 腹节腹面外侧具新月形黑色斑；触角第 4 节基半部浅黄色；腹基部、前胸背板前侧缘和中央具有纵纹；前翅膜片浅棕，半透明；足暗棕或棕褐色；前胸背板、小盾片及爪片刻点较粗，革片中部刻点较细，外缘光滑；前足腿节稍加粗，腹面具稀疏粗刺。

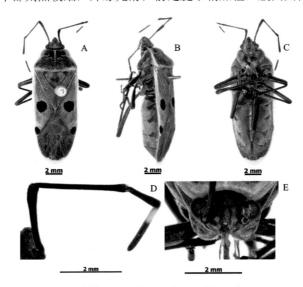

四斑红蝽 *Physopelta quadrigutta* Bergroth

A. 成虫背面观；B. 成虫侧面观；C. 成虫腹面观；D. 成虫触角；E. 头部背面观

【寄主】

茶、桃树、柑橘、竹、甘蔗。

【分布】

福建、广东、四川、云南、西藏，印度。

缘蝽科 Coreidae

触角 4 节，触角基由背面可见，着生于头部两侧的上方；具有单眼；前胸背板通常呈梯形，侧角常呈刺状或叶状突出，或强烈扩展成奇异的形状；小盾片较小，三角形，短于前翅爪片，有些种类小盾片端部具直立长刺；前翅分革片、爪片及膜片三部分，静止时爪片将小盾片完全包围，并形成显著的爪片接合缝，膜片具有许多平行的纵脉，通常基部无翅室，少数成网状；足通常细长，有时后足股节粗大，具瘤状或刺状突起，胫节成叶状或齿状扩展；后胸具臭腺孔。

危害特点：缘蝽科昆虫同红蝽科昆虫危害特点相似，都是典型的刺吸式口器，通过口针刺入摄取植物汁液造成危害，被害叶片产生白色或黄色斑点，受害严重时叶片枯黄脱落，影响树势和产量；有时还可以传播病毒病造成间接危害，是植物病害的传播媒介，这是半翅目昆虫造成经济损失的主要途径。

同缘蝽属

Homoeocerus Burmeister

【属性特征】体中至大型，椭圆形至狭长，一般为浅草绿色或浅褐色，前翅带白色或黑色斑点；头近方形，前端在触角基着生处截然向下弯曲，触角基向前向上突出，喙较短，不伸达中胸腹板基部，第 3 节短于或等于第 4 节，极少长于第 4 节；股节简单无刺，雌虫第 7 腹板褶后缘成角状。

草同缘蝽 *Homoeocerus graminis* Fabricius

体长 16 ～ 18mm，较狭长，浅草绿色，触角第 2 节及第 3 节顶端不膨大，背面具刻点。

【鉴别特征】

前翅上的白色斑点小，位于革片内角翅室中，腹面两侧由头部前端经臭腺孔至腹部末端各具 1 条纵向白色带纹。

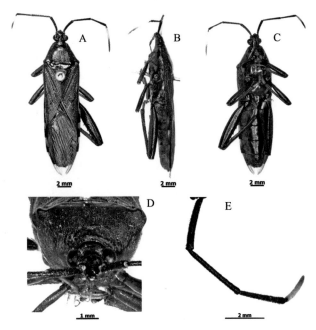

草同缘蝽 *Homoeocerus graminis* Fabricius

A. 成虫背面观；B. 成虫侧面观；C. 成虫腹面观；D. 头部正面观；E. 成虫触角

【寄主】

豆类、竹类、农作物、李、梨、苹果、板栗、核桃。

【分布】

广东、广西、云南、西藏，斯里兰卡。

黑边同缘蝽 *Homoeocerus simiolus* Distant

体长 16 ～ 18mm，黄褐色，全身布满刻点。

【鉴别特征】

前胸背板侧缘黑色，两侧具角状突出；中胸及后胸侧板上各具 1 黑色斑点；触角第 1 节及第 2 节基部外侧黑色，第 2 ～ 3 节端部及第 4 节中部黑棕色，第 2 节显著地长于第 1 节；喙第 3 节与第 4 节约等长，第 2 节短于第 3 节；前翅革片外缘黄色，膜片具有很多纵向脉纹；全身具深色刻点。

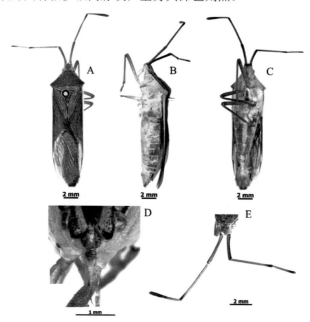

黑边同缘蝽 *Homoeocerus simiolus* Distant

A. 成虫背面观；B. 成虫侧面观；C. 成虫腹面观；D. 头部正面观；E. 成虫触角

【寄主】

豆类、竹、苹果、油桐、梅、杏、杨、山楂、石榴、核桃。

【分布】

云南，印度。

奇缘蝽属

Derepteryx White

【属性特征】体大型，黑色或褐色；前胸背板侧角极度扩展，常成半月形向前延伸，有些种类达到或超过头的前端，扩展部分的边缘常具锯齿；前胸背板中部比较光平；小盾片顶端具黑色瘤状突起。

月肩奇缘蝽 *Dereteryx lunata* (Distant)

体长 18.5 ～ 27.0mm，宽 6 ～ 11mm。体深褐色或铁锈色，密被黄褐色细毛或不规则斑点，气门周围淡色。

【鉴别特征】

头顶前端中央有短纵沟；复眼黑褐色，单眼淡红褐色；触角细长，第 1 节粗壮且最长；喙伸达中足基节；前胸背板向前扩展，扩展部内缘有大齿，外缘锯齿状，侧角圆钝，向前伸出超过前胸背板前缘，但没有超过头前端；前胸背板有粗皱纹，中央纵纹呈浅沟状，后缘之前有一明显横脊；小盾片有细横皱纹，末端呈黑色瘤状突起；前翅膜片褐色，长于腹部末端；雄虫后足腿节较粗，背面具瘤突，腹面端半部有短刺突；腿节各节的腹面端部有 1 ～ 2 齿，后足胫节腹面在超过中部处呈角状扩张。

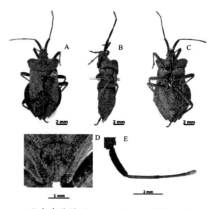

月肩奇缘蝽 *Dereteryx lunata* (Distant)

A. 成虫背面观；B. 成虫侧面观；
C. 成虫腹面观；D. 头部正面观；E. 成虫触角

【寄主】

栗、竹、山桃、厚朴、悬钩子、核桃。

【分布】

甘肃、苏州、浙江、四川、云南、湖南、福建、江西、香港。

棘缘蝽属

Cletus Stal

【属性特征】头前端陡然向下弯曲，或前端向前平伸；喙长短不一；各足股节顶端无齿或具有两列刺，背面具纵沟；臭腺孔外缘不完整，雄虫第 5 腹节背板后角不突出；腹部各节后侧角不显著；前翅革片上无浅色斑点，或仅有 1 个斑点。

黑须棘缘蝽 *Cletus punctulatus* Westwood

体长 8.5 ～ 10.0mm，宽 2.5 ～ 3.5mm。体色浅红褐色，刻点黑色。头顶背面刻点粗黑而密。复眼浅棕色，单眼红色。

【鉴别特征】

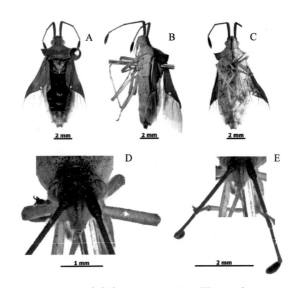

黑须棘缘蝽 *Cletus punctulatus* Westwood

A.成虫背面观；B.成虫侧面观；C.成虫腹面观；D.头部正面观；E.成虫触角

触角第 1 节外侧和第 2 节黑色，第 3 节黄褐色，第 4 节膨大呈纺锤形，黄红色；喙可达后足基节前缘；前胸背板侧角呈锐角刺状向两侧突出，后侧缘锯齿状，后缘近平直，前胸背板的颜色以两侧角间的连线为界，前部色淡，后部色深；小盾片及前翅革片同前胸背板后部，黑色刻点均匀分布；前翅前缘和侧缘无刻点，淡黄色；腹部背面全黑；前翅膜片内基角黑色余下淡棕色，透明，伸达腹末端；腹部淡黄绿色，各胸侧板两边各有 1 个黑斑；前、后足基节上有 1 黑斑，中、后足腿节腹面有褐色斑点 4 ～ 5 个，后足腿节上的较为明显；气门周围颜色较淡。

【寄主】

蓼科、禾本科、核桃。

【分布】

云南、江西、四川、西藏，印度。

楮缘蝽属

Ochrochira Stal

【属性特征】前胸背板无颗粒状突起，侧叶不强烈地扩展；前足胫节背面不宽阔，后足胫节背面近顶端处逐渐宽阔；雄虫后足股节近中央处常具1个巨刺。

锈楮缘蝽 *Ochrochira ferruginea* Hsiao

体长 20～25mm，前胸背板和革片具锈色斑，腹部腹面紫红色，末端生殖器黑色。

【鉴别特征】

头和触角的第1～3节为黑色，足（跗节除外）和前翅膜片也为黑色；前胸背板、小盾片、前翅、触角第4节及各足跗节为棕红色；喙伸达于中足基节；前胸背板具有4个黑色斑点，前侧缘具有1排黑色齿状突起；后足股节膨大，末端有刺状突；腹部背面红色，腹面褐色，末端及生殖节黑色。

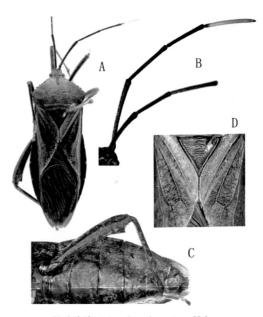

锈楮缘蝽 *Ochrochira ferruginea* Hsiao

A. 成虫背面观；B. 成虫的触角；
C. 后足腿节和胫节；D. 中胸小盾片

【寄主】

栗、竹、山桃、厚朴、苹果、李、梨、核桃。

【分布】

四川、贵州、云南。

异缘蝽属
Pterygomia Stal

【属性特征】体大型，棕黄色或褐色，前胸背板侧角极度扩展，具粗糙的颗粒状突起或皱纹，常呈半月形向前延伸，达到或超过头部的前端，扩展部分的边缘也常呈锯齿状，小盾片三角形，有横皱纹，无黑色瘤状突起。

肩异缘蝽 *Pterygomia humeralis* Hsiao

体长 30 ~ 32mm，浅棕黄色，密被黄棕色短绒毛。前胸背板后缘两侧几乎平直，腹部背面红色。

【鉴别特征】

头部、触角第 4 节橙黄色；前胸背板表面稍具不规则皱纹，侧角极度向前突出，尖端超过头的末端，前缘具 3 个大齿，后缘弯曲，呈不规则的锯齿状；后缘之前的背板表面有一短而两端略膨大的横脊；小盾片三角形，具横皱纹；前翅膜片褐色；腹部每节两侧边缘基部有 1 个小的淡色斑；腹部背面红色，端部稍带暗色；后足股节极度膨大，具有 3 ~ 4 排齿状突，径节内侧有 1 个薄片状隆起。

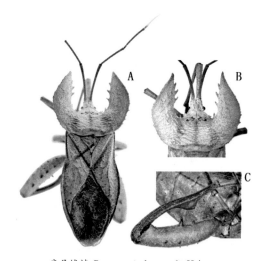

肩异缘蝽 *Pterygomia humeralis* Hsiao

A. 成虫背面观；B. 成虫的前胸背板；
C. 后足腿节和胫节

【寄主】

核桃、桑、漆树、华山松、桤木、栎树。

【分布】

福建、广东、海南、四川、贵州、云南。

土蝽科 Cydnidae

体小至中型，长圆或卵圆形，多数黑色，具有蓝色金属光泽，少数种类具黄色或白色斑纹，极少数种类为黄褐或红褐色。头部较宽短，触角一般5节，第2节很短，有些种类末节退化为4节，一般种类在第3～5节常具1个白色环状斑。喙4节。小盾片长超过前翅爪片顶角，但伸达腹部末端，两个爪片也不形成爪片接合缝。后翅脉纹特化，前足胫节扁平，两侧具强刺。中、后足基节顶端具刷状缘毛，跗节3节。

危害特点：土蝽科昆虫多在地表活动，通常对植物的根系造成危害，通过口针刺入根系摄取植物汁液造成直接危害，极少昆虫在植物的叶片活动。

鳖土蝽属

Adrisa Amyot et Serville

【属性特征】体长超过10mm。头侧缘完整，无锯齿，有时具成列的刚毛及小齿；触角4节，第2节较长，前胸背板侧缘具成列的刚毛；小盾片长，超过爪片的顶端，爪片不形成爪片结合缝；前足特化，胫节扁平，背面具一列强刺，中足正常，后足胫节扁圆不一，直形或弯曲，背腹两侧具成列的刺，跗节第2节最短，与其他两节约等粗。

大鳖土蝽 *Adrisa magna* Uhler

体长16mm，宽9mm。椭圆形，黑褐色或近于黑色，具有紫色的金属光泽，头侧缘完整无锯齿。

【鉴别特征】

头前端宽圆形，上面具皱纹及刻点；触角4节，褐色，约为体长的1/3，第2节较长，约为第1节的2.5倍，第3、4节色较浅；喙褐色，伸达中胸腹板后缘；

前胸背板具有大而稀疏的刻点，侧缘近于平直，无刚毛，前角前缘具有很密的1列短刚毛，后缘平直；小盾片茄紫色，三角形较长，超过腹部中央，侧缘平直，端角尖削，基部刻点大而稀，端部刻点小而密；前翅盖住腹部末端，膜片色较浅，革质部刻点小而密；前足胫节端部色较浅，腹部腹面中央光平，两侧刻点细小。

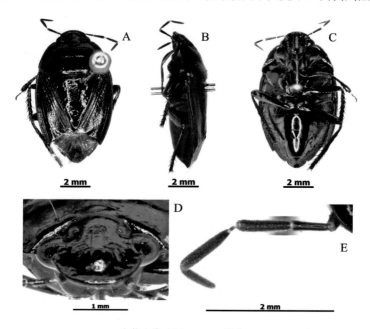

大鳖土蝽 *Adrisa magna* Uhler

A. 成虫背面观；B. 成虫侧面观；C. 成虫腹面观；D. 头部正面观；E. 成虫触角

【寄主】

臭椿、女贞、松、核桃等。

【分布】

云南、北京、苏州、浙江，朝鲜，日本。

蝉科 Cicadidae

体型较大。刺吸式口器从头的后方伸出，以吸食植物汁液造成危害。翅膜质透明，质地均一，翅脉明显，且相对完整；触角短小；头部额区具 3 个单眼；前足开掘式；雄虫腹部有发音器，能发声，雌虫无发音器，不能发声。

危害特点：蝉为林木、果树的主要害虫。若虫生活在地下，则破坏植物根系的分生组织，使之老化，降低吸水能力，影响水分的供应和正常发育，引起植物叶片枯萎、落花、落果，最终影响产量。另外，成虫产卵时利用产卵瓣刺破植物枝条皮部或木质部，将卵产在枝条的髓心组织内，使枝条外皮和木质部开裂，破坏水分和养分的正常运输，引起产卵部位的枝条迅速萎蔫死亡。

蟪蝉属

Pomponia Stal

【属性特征】头冠约与中胸背板基部等宽，长约等于两复眼间的距离；前胸背板侧缘波浪状或有齿突，后角稍扩张；雄性腹部明显长于头、胸部之和；背瓣基本上全盖住鼓膜，腹瓣较小，鳞片状；喙管较长，超过后足基节的位置；前、后翅均为透明的膜质。

蟪蝉 *Pomponia linearis* (Walker)

体大型、赭色，头冠约与中胸背板基部等宽，雄性腹部明显大于头、胸部之和，雌性腹部短于头、胸之和。

【鉴别特征】

头部前缘的细横纹、复眼前内侧的大斑均呈深赭色；后唇基基部及端部 1/3 处深赭色，中央 1/3 处绿褐色，前唇基绿色；喙管达第 2 腹节后端；前胸背板中央较宽的两条纵纹两端合并，前缘、后缘、外片的外缘、后角及后缘两侧的斑纹和内片黑褐色，其余绿色或绿赭色；中胸背板中部的矛状斑、两侧的大型倒圆锥斑和较阔的亚缘斑均为褐赭色，X形隆起的两侧为浅赭色，剩余部分为绿色或绿褐色。前、后翅透明，前翅结线明显，端室基横脉及纵脉近端部有深褐色斑点，外缘浅褐色，有斑点处的翅脉黑色，基室周缘翅脉及 M 脉、Cu 脉近中部黑色，其余脉纹褐色，前缘基半部绿褐色，端半部黑褐色。

腹部背面赭色或褐赭色，被白色和红褐色短毛；头胸部腹面绿色，腹部腹面前褐色、半透明。背瓣内侧圆弧形，外侧倾斜露出部分鼓膜；腹瓣横位，外缘与后缘圆弧形，内侧呈角状，左右接近或靠近。

雄性尾节尾突很短，左右抱钩基部愈合，腹侧面有 2 对尖刺，外边的较短，里边的粗而长；尾节下叶发达、片状为一对顶端靠近的长椭圆形的突起，下生殖板宽短。

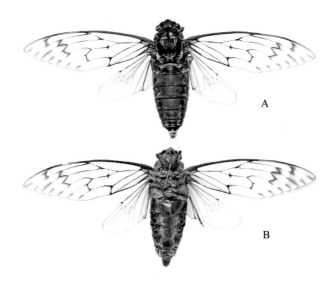

蝉蟬 *Pomponia linearis* (Walker)

A. 成虫背面观；B. 成虫腹面观

【寄主】

核桃。

【分布】

四川、云南、浙江、安徽、江西、湖南、广西、广东、福建、西藏、台湾，日本，印度，缅甸，菲律宾，马来西亚。

马蝉属
Platylomia Stal

【属性特征】头冠稍宽于中胸背板基部，头长约等于两复眼间宽；前胸背板侧缘明显具齿突，约与中胸背板 X 形隆起等长；背瓣大，完全盖住鼓膜；腹瓣更大，多超过腹部中部，左右分离；腹部长于头胸部之和；喙管伸达或超过后足基节；前、后翅透明，前翅常有褐色斑点，有 8 个端室，后翅有 6 个端室。

皱瓣马蝉 *Platylomia radha* (Distant)

体大至特大型，头、胸部绿褐色或深褐色；腹部红褐色，密被银白色短毛，明显长于头、胸部；头冠宽于中胸背板基部。

【鉴别特征】

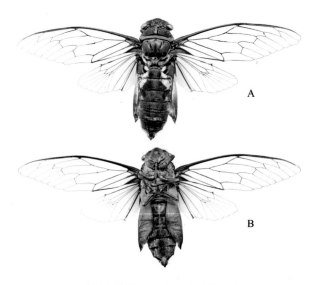

皱瓣马蝉 *Platylomia radha* (Distant)

A. 成虫背面观；B. 成虫腹面观

单眼浅红色，复眼深褐色，后单眼间距约为其到相邻复眼间距的 1/2，单眼区黑色；后唇基腹面中央有较宽的纵沟，两侧有横沟，喙管达后足基节；前胸背板侧缘前角处有齿突；中胸背板细矛状纹，内侧有 1 对弧状刻纹，X 形隆起前臂内外侧斑纹均呈褐色，X 形隆起两侧凹陷处常有很厚的白色蜡粉；前、后翅均透明，无明显斑纹，仅外缘各室中间有很浅的褐色暗纵纹；翅脉基半部绿褐色或褐色，端半部暗褐色。

腹部很长，体壁较薄；背瓣大，颜色比腹部浅；头胸部腹面绿褐色或灰褐色，稀被白色蜡粉；腹部腹面褐色，半透明，末端颜色较深；腹瓣基部灰褐色、缢缩，外侧露出部分鼓膜，端半部褐色，中部膨大，端部较窄，常皱缩，卷曲。

雄性尾节较小，中突窄片状，着生于背中央的凹陷处，两侧阔圆；抱钩短条状，末端两端有齿突；阳具鞘管状、较短，弯钩形，基部粗，端部很细。

【寄主】

核桃。

【分布】

云南、江西、海南，缅甸，斯里兰卡，尼泊尔，印度，柬埔寨，老挝，越南，不丹，泰国。

毗瓣蝉属
Haphsa Distant

【属性特征】头部与中胸背板基部等宽，明显短于复眼间距；喙管伸达或稍超过后足基节。前胸背板短，边缘具齿状突；腹部约与头、胸部之和等长；雄虫腹瓣呈菱形，左右靠近或接触；翅透明。

狭瓣毗瓣蝉 *Haphsa bindusara* (Distant)

【鉴别特征】

体中型，头部赭绿色，稍宽于中胸背板基部。单眼红色，复眼红褐色，单复眼间距大于两侧单眼间距的 2 倍，单眼区斑纹、头顶前侧缘 1 对斜斑、复眼内缘斑纹与头顶后缘中央 1 对斑点相连，均为黑色。舌侧片黑色；后唇基基部中央三角形斑纹，前侧缘 1 对斜斑，两侧横沟、前唇基两侧均为黑色。喙黄色，端部黑色，达后足基节。

前胸背板内片赭绿色，中央 1 对纵纹、侧沟、中沟处斑纹以及中沟下方的纵纹均为黑色；外片发达，前侧缘有暗褐色斑纹，具小的齿状突起，后缘两侧有 1 对小的黑斑。中胸背板具有 7 条黑色纵纹，中央具有 1 条细长斑，端部菱形膨大，达 X 形隆起前；盾侧缝处 1 对较短，端部向内弯曲；靠近内侧斑纹，有 1 对更小的倒锥形斑，长度为内侧斑纹的 1/2；外侧 1 对粗大且弯曲，后端达 X 形隆起前臂外侧，端部有间断。前盾片凹槽处斑点黑色。

足赭绿色，胫节端部微褐色，跗节和爪褐色；前足股节主刺和副刺均倒伏，主刺长且尖，副刺长于主刺，基部更宽，端刺小、直立。

翅透明，前翅第 2、3 端室基横脉处的斑纹烟褐色。

雄性腹部约与头胸部等长，被银白色短毛，背板赭绿色，第 2～4 节背板中央的大斑黑色，第 5、6 节背板除后缘中央横带赭绿色外均为黑色；腹板赭绿色，后缘褐色，稀被白色蜡粉，第 3 腹板前缘、第 5 节腹板中央及第 6、7 节腹板黑色，背瓣赭绿色，大且完全盖住鼓膜，呈梯形，四角钝圆。雄性腹瓣小，赭绿色，宽大于长，三角形，内外缘倾斜，后角刚达第 2 节腹板后缘。

雄性尾节小，后端黑褐色。抱钩基部愈合，中间小幅度开裂；内部骨化程度低，很短，两侧骨化程度高，呈片状稍突出，端部向内侧角状弯曲。雌性产卵鞘基部赭色，端部黑色，伸出腹末较长，尾节端刺细长，稍长于肛刺；第7节腹板后缘中央稍突出，有半圆弧形缺刻。

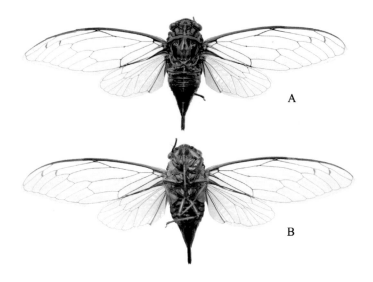

狭瓣毗瓣蝉 *Haphsa bindusara* (Distant)

A. 成虫背面观；B. 成虫腹面观

【寄主】

核桃。

【分布】

云南，孟加拉国，缅甸，印度，老挝，泰国。

叶蝉科 Cicadellidae

体长 3 ～ 15mm，形态变化较大。口器刺吸式；头部额区宽大，单眼 2 个，少数种类无单眼；触角刚毛状；前翅革质，后翅膜质，翅脉不同程度退化；后足胫节有棱脊，每个棱脊上着生次毛列，后足胫节刺毛列是叶蝉科最显著的鉴别特征。

危害特点：该科昆虫全为植食性昆虫，具典型的刺吸式口器，不仅刺吸植物汁液对植物造成直接危害，而且有许多种类可以传播植物病毒造成严重的损失。它们对植物造成的主要危害有以下几种：①通过刺吸摄取植物汁液，减少或破坏叶部的叶绿素，使叶片产生白色或黄色斑点；②通过妨碍植物的正常生理活动，使叶子外部变褐，最终使整个叶片变褐；③少数种类在植物嫩枝上产卵危害植物，造成嫩枝端部死亡；④许多种类起着植物病害传播媒介的作用。

长突叶蝉属

Batracomorphus Lewis

【属性特征】体黄绿色、褐色或锈色。体型较粗壮，头冠宽短，中长为复眼间宽的 1/6 ～ 1/4，前缘宽圆突出，与颜面弧圆相交，无明显分界线；前胸背板前狭后宽，密布横皱，其宽度微大于长，中长为头冠中长的 4 ～ 6 倍，侧缘长且具有缘脊；颜面宽短，前唇基圆柱形，额唇基宽大，显著高于颊区；单眼位于颜面基缘，单眼间距离为到复眼距离的 2 ～ 4 倍；前翅具刻点，端片宽大，3 个端前室，5 个端室。

雄虫尾节侧瓣宽大，端半部通常有粗长刚毛，腹缘具有突起，不同个体间腹缘突起端部变化较大；下生殖板宽扁或细长，有些种类甚至伸出尾节端缘，侧缘有细长毛；连索一般为 "Y" 形或高角杯形；阳基侧突狭长，端部形状变化较大；阳茎长管状，侧面观近 "U" 形或 "Y" 形，阳茎开口通常位于顶端或亚顶端。

雌虫第 7 节腹板后缘形状变化较大，通常平直、"V" 字形或半圆形凹入等。

叉茎长突叶蝉 *Batracomorphus geminatus* (Li et Wang)

雄虫连体翅长为 5.5 ～ 6.0mm；雌虫为 6.0 ～ 6.5mm。体及前翅淡黄绿色，前翅表面具有微毛，头冠和前胸背板前缘域淡黄白色，复眼红褐色，单眼淡橘黄色，前翅端片基部有 1 个褐色斑点。

【鉴别特征】

头冠宽短，中长为复眼间宽的 1/4，前缘中部稍前突；单眼间距离约等于复眼间宽的 3 倍；前胸背板具有横皱纹，中长为头冠的 4.5 倍，前缘弧圆，后缘微凹，前缘域有 1 个弧形凹痕，凹痕前较光滑，前侧缘向上反卷，似脊；小盾片三角形，具有弧形凹刻痕。

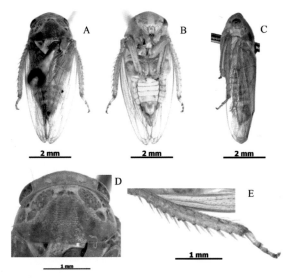

叉茎长突叶蝉 *Batracomorphus geminatus* (Li et Wang)

A.成虫背面观；B.成虫腹面观；C.成虫侧面观；D.头部背面观；E.后足径节

【寄主】

核桃、梨、苹果、柳、灌木。

【分布】

陕西、云南、贵州。

小绿叶蝉属

Empoasca Walsh

【属性特征】体翅黄绿、绿色或暗绿色，头冠前端弓形、钝圆至弧形突出，冠缝明显，未达头冠前缘，单眼位于头冠前缘或头冠与颜面的交界处；颜面宽阔，宽度等于或略小于中长，额唇基区隆起；胸长大于头长，胸宽等于或小于头宽。

假眼小绿叶蝉 *Empoasca vitis* (Gothe)

【鉴别特征】

头冠黄色。复眼棕褐色，单眼位于头冠前缘，周围围以浅乳黄环纹。前胸背板半透明，前缘中部有不规则形浅乳黄色小斑，中后域黄至浅黄色；中胸盾间沟浅褐色。前翅黄绿色，前后翅透明。头冠前端弧形突出，后缘凹入，中长略小于复眼间宽，大于侧面近复眼处长度，冠缝明显，未达头冠前缘，

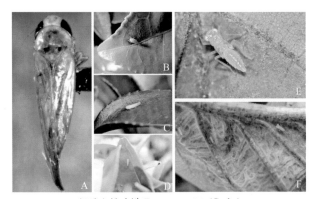

假眼小绿叶蝉 *Empoasca vitis* (Gothe)

A. 成虫背面观；B～D. 成虫刺吸叶片汁液；
E～F. 若虫在叶背面刺吸危害

颜面宽阔，宽度小于中长，额唇基、前唇基隆起，前唇基基半部宽度一致，端半部收狭。前胸背板中长大于头长，胸宽约等于头宽，中胸盾间沟短，略弧形弯曲，未达侧缘。

【寄主】

核桃、茶树。

【分布】

云南。

斑蚜科 Drepanosiphidae

黑斑蚜属
Chromaphis Walker

核桃黑斑蚜 *Chromaphis juglandicola* Kaltanbach

【鉴别特征】

核桃黑斑蚜具有典型的多型现象，分为干母、有翅孤雌蚜、性蚜等。干母：长椭圆形，胸部和腹部第1节至第7节背面每节有4个灰黑色椭圆形斑，第8腹节背面中央有一较大横斑；腹管环形。有翅孤雌蚜：成蚜体

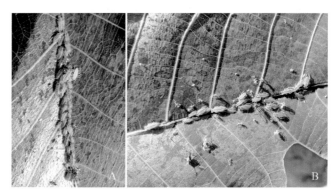

核桃黑斑蚜 *Chromaphis juglandicola* Kaltanbach

A、B.核桃黑斑蚜在叶脉处刺吸危害

长 1.7～2.0mm，淡黄色，尾片近圆形，第 3、4 龄若蚜在 4 腹部背面每节各自有一对灰黑色斑。性蚜：雌成蚜体长 1.6～1.8mm，无翅，淡黄绿至橘红色；头和前胸背面有淡褐色斑纹，中胸有黑褐色大斑，腹管短截锥形。

【寄主】

核桃。

【分布】

云南、辽宁、山西、北京。

盾蚧科 Diaspididae

褐圆蚧属
Chrysomphalus

褐圆蚧 *Chrysomphalus aonidum* (Linnaeus)

别称黑褐圆盾蚧、褐叶圆蚧、茶褐圆蚧、鸢紫褐圆蚧。

【鉴别特征】

雌介壳正圆形，扁，中间隆起；紫褐色。蜕皮位于中心，通常橙黄色或红褐色。介壳直径 1 ~ 2mm。雄介壳色与雌介壳相同，卵形，介壳长 0.8 ~ 1.0mm，宽 0.75mm。

雌成虫体阔梨形，体长 1.0 ~ 1.4mm，宽 0.8 ~ 1.2mm，体表除臀板外均保持膜质。触角具 1 弯曲的毛，前后气门均无盘状腺孔。臀板短阔，端部钝形，末端有 3 对发达的臀叶，形状和大小相同，端圆，两侧平行，内外侧均具缺刻。

褐圆蚧 *Chrysomphalus aonidum* (Linnaeus)

A、B. 褐圆蚧在树干上的危害症状

发生规律：褐圆蚧 1 年发生 3 ~ 4 代，大多以第 4 代二龄若虫在寄主叶片上越冬，少量以第 3 代雌成虫、雄蛹越冬，翌年 3 月中旬前后，开始危害树木。越冬代于 4 月下旬开始产卵，5 月上旬孵化为若虫，5 月中旬至 6 月上旬是第 1 代若虫孵化高峰期。第 1 代雌成虫 7 月上旬开始产卵，7 月下旬至 8 月中旬为第 2 代若虫孵化高峰期。第 2 代雌成虫于 8 月下旬开始产卵，9 月下旬至 10 月上旬进入第 3 代若虫孵化高峰期。10 月下旬以后出现第 4 代若虫，12 月上旬进入越冬状态。

绵蚧科 Monophlebidae

草履蚧属
Drosicha

草履蚧 *Drosicha contrahens* (Walker)

【鉴别特征】

成虫：雌成虫体长达 10mm，背面棕褐色，腹面黄褐色，被一层霜状蜡粉；触角 8 节，节上多粗刚毛；足黑色，粗大；体扁，沿身体边缘分节较明显，呈草鞋底状。雄成虫体紫色，长 5～6mm，翅展 10mm；翅淡紫黑色，半透明，翅脉 2 条；触角 10 节，因有缢缩并环生细长毛，呈念珠状。

卵：初产时橘红色，有白色絮状蜡丝粘裹。

若虫：初孵化时棕黑色，腹面较淡，触角棕灰色，唯第三节淡黄色，很明显。

雄蛹：棕红色，有白色薄层蜡茧包裹，有明显翅芽。

草履蚧 *Drosicha contrahens* (Walker)

A、B.草履蚧成虫危害状；C.草履蚧的卵块

发生规律：一年发生 1 代。以卵在土中越夏和越冬，翌年 1 月下旬至 2 月上旬，在土中开始孵化，能抵御低温，但若虫活动迟钝，在地下要停留数日。若虫出土后沿茎秆上爬至梢部、芽腋或初展新叶的叶腋刺吸危害。雄性若虫 4 月下旬化蛹，5 月上旬羽化为雄成虫。羽化后即觅偶交配，寿命 2～3 天。雌性若虫 3 次蜕皮后即变为雌成虫，自茎秆顶部继续下爬，经交配后潜入土中产卵。卵有白色蜡丝包裹成卵囊，每囊有卵 100 多粒。

吹绵蚧属
Icerya

吹绵蚧 *Icerya purchasi* (Maskell)

【鉴别特征】

　　雌成虫椭圆形或长椭圆形，橘红色或暗红色。体表面生有黑色短毛，背面被有白色蜡粉并向上隆起，而以背中央向上隆起较高，腹面则平坦。

　　触角 11 节，黑褐色，位于虫体腹面头前端两侧，第 1 节宽大，第 2 节和第 3 节粗长，第 4 ～ 11 节呈念珠状，每节生有若干细毛。足 3 对较强劲，黑色胫节稍有弯曲；爪具 2 根细毛状爪冠毛，较短。腹气门 2 对，腹裂 3 个。雌成虫初无卵囊，发育到产卵期则渐渐生出白色半卵形或长形的隆起之卵囊。

吹绵蚧 *Icerya purchasi* (Maskell)

蜡蚧科 Coccidae

巨绵蜡蚧属

Megapulvinaria Young

巨绵蜡蚧 *Megapulvinaria* sp.

【鉴别特征】

雌成虫体长椭圆或宽椭圆形。背膜质，常有圆形或椭圆形亮斑；背刺刺状或锥状；亚缘瘤无；背管状腺有或缺；肛板三角形，沿内缘后部有 3 根钝刺或截锥状刺，亚背中部或靠近缘处有 1 盘状毛；肛环毛 6 根。体缘刺截锥状，钝粗，顶平或有 2 齿；气门凹深或浅，有气门刺 3 ~ 12 根。触角 7 ~ 9 节；足发达，胫跗关节处有硬化斑，爪有小齿，阴前毛 2 对；气门腺多为 5 孔，多孔腺常 7 孔，在阴区及前腹节上分布；腹面管状腺常 3 种。

巨绵蜡蚧 *Megapulvinaria* sp.

粉蚧科 Pseudococcidae

蚁粉蚧属
Formicococcus Takahashi

蚁粉蚧 *Formicococcus* sp.

【鉴别特征】

　　雌成虫体长 2 ~ 3mm。卵圆形，暗红偏紫色，体表被有白色蜡粉，虫体后部有较粗短的蜡丝 5 对，背部隆起。雄成虫体长约 1mm，深褐色，体末有白色蜡丝一对。卵淡紫色至深紫色，椭圆形。初孵若虫褐至淡紫色。常寄生在植物根、茎、枝的树皮缝隙内的物种，偶尔也有报道在土表下 5 ~ 20cm 的须根至直径 1 ~ 2cm 粗根上群集为害。

蚁粉蚧 *Formicococcus* sp.

鳞翅目 Lepidoptera

　　鳞翅目昆虫主要包括我们常见的蝴蝶和蛾子，除极少数种类外，它们的幼虫均取食显花植物，是农林业生产上的重要害虫，具有极大的经济重要性。同时，许多鳞翅目昆虫的成虫又是重要的传粉昆虫，部分种类也是重要的产丝昆虫，其产物是重要的工业原料。另外，多数美丽的蝴蝶具有极大的观赏价值，是重要的观赏昆虫。

鳞翅目昆虫幼虫取食叶片生态照

A～H.刺蛾科昆虫的幼虫取食叶片；I、Q.尺蛾科昆虫的蛹；
J、K、L、M、N、P.鳞翅目其他昆虫的幼虫取食叶片；O.舟蛾科昆虫的幼虫取食叶片

　　主要识别特征：成虫两对翅，体、翅和附肢上均密被鳞片或鳞粉；口器为典型的虹吸式，上颚退化或消失，下颚的外颚叶特化成喙管。幼虫口器咀嚼式，腹足一般 5 对，少数退化或无。绝大多数为植食性。

　　危害特点：鳞翅目昆虫以幼虫取食危害为主，初龄幼虫取食叶片的下表皮或叶肉，仅留表皮层，叶面出现透明斑。三龄以后幼虫进入暴食期，把叶片吃成很多孔洞，甚至吃光，仅留叶脉或叶柄，影响树势和结果。幼虫体上有毒毛，触及人体，会刺激皮肤发痒发痛。成虫基本不造成危害，但常需补充营养进行繁殖，如取食花蜜等，同时该类昆虫能为植物进行传粉。

夜蛾科 Noctuidae

头部大都具有发达的口器,静止时喙卷缩,有些种类复眼周围有睫毛,一般以前喙的长而曲的毛为主,基喙及触角基部有时也有睫毛。多数有单眼,复眼半球形,眼面通常光滑或具纤毛,额区骨化程度强,额突起的形状有许多变化。胸部有简单的毛、分枝的毛、扁毛、匙形毛或鳞片。普遍有下唇须,直向前方伸出,第 1 节比第 2 节短。胫节有刺或无刺,翅面上的斑纹丰富,翅脉比较一致,前翅翅脉属 4 岔型,一般有副室,后翅有 4 岔和 3 岔两种类型,Sc 和 R 脉有部分合并。

危害特点:夜蛾科以幼虫危害为主,是典型的多食性害虫,一年发生 4 ~ 5 代,世代重叠现象严重。成虫白天隐藏在杂草或植株叶片茂密处,晚间进行产卵,卵产后 2 ~ 3 天即可孵化,低龄幼虫有聚集为害的特点,3 龄后逐渐分散,4 龄后进入暴食期,5、6 龄食量更大,在虫量多的果园,植株几天内可被吃成光秆。

剑纹夜蛾属

Acronycta Treitschke

【属性特征】喙发达,下唇须斜向上伸,第 2 节达额区中部,前面有长毛,第 3 节短;复眼圆大,胸部着生大量的毛,或杂以毛状鳞,或仅是鳞,但无毛簇;胫节有毛;腹基部毛簇由毛或鳞组成;前翅一般宽,有些较狭,有些翅端伸展成圆形;外缘曲度很平稳,微呈锯齿形。

桃剑纹夜蛾 *Acronicta incretata* Hampson

体长 19mm 左右,翅展 42mm 左右,体表被较长的鳞毛,身体灰棕色带黑色斑,头顶灰棕色,触角灰褐色,复眼青褐色,圆形,光滑无毛。

【鉴别特征】

前翅有 3 条与翅脉平行的黑色剑纹状,基部的 1 条呈树枝状,端部 2 条平行,外缘有 1 列黑点,触角丝状暗褐色,后翅灰白色,翅脉淡褐色,腹面灰白色,雄腹末分叉，雌较尖。前翅灰褐色，基线只在前缘处现出两黑褐条，内线双线暗褐色，中间灰色，波浪线并略向外斜，中线褐色，近前段明显，亚端线单线黑褐色，曲折成锯齿形，端线灰色，锯齿形，不清晰；环纹灰色，黑褐边，斜圆形，较大；下唇须前伸，第2节灰棕色，第3节褐色，较细，颈板灰棕色，较平滑，胸部背面灰棕色，肩板灰褐色，内外侧棕色有毛。背纹灰色，黑褐边，中央色较深，剑纹灰色，黑褐边，长圆形；基剑纹由翅基部发出，褐色，沿剑纹前缘与臀脉平行至外缘，端剑纹黑色，自亚端线内方至端线内缘，与中脉平行；前翅外缘微呈波浪形；后翅淡灰褐色，外缘较深，横脉纹淡棕色，不甚清晰，翅脉淡褐色，外缘微呈波浪形，后缘饰褐黄色缘毛。

桃剑纹夜蛾 *Acronicta incretata* Hampson

A. 成虫背面观；B. 成虫腹面观

【寄主】

桃、核桃、樱桃、杏、苹果、山楂、梨、李、柳树。

【分布】

华东、华中、华北、东北，朝鲜，日本。

豹夜蛾属

Sinna Walker

【属性特征】喙发达；下唇须向上伸，第2节伸达额区中部，前面略有毛；第3节长；额平滑；雄蛾触角有纤毛；胸部毛、鳞混生，无毛簇，胫节鳞片平滑；腹部较细长，无毛簇；前翅翅尖圆；外缘曲度平稳，不成锯齿形，前翅R2-4合一柄，有副室；后翅Sc仅在基部与R相接，M1与M2在中室顶角，M3在中室下角。

胡桃豹夜蛾 *Sinna extrema* (Walker)

体长 15mm，翅展 32 ～ 40mm，头白色，下唇须白色，第 3 节尖端褐色，触角褐色，基带白色，胸部白色，颈部左右各有 1 橘黄斑，翅基片基部有一整齐的橘黄长条。

【鉴别特征】

前翅斑纹黄白色交错，类似豹皮，顶角有 3 个黑斑，翅外缘 1 列黑点；前翅橘黄色并带有许多白色多边形，顶角及外缘附近黄白色微灰，顶角处有 3 个大黑斑，其后沿外缘又有 4 个小黑斑，

胡桃豹夜蛾 *Sinna extrema* (Walker)
A、B. 成虫背面观

后胸微带淡褐色，足白色带灰褐，前足胫节及跗节微深褐，腹部浅灰褐色，节间灰白色。后翅白色，微带淡褐色。

【寄主】

核桃。

【分布】

黑龙江、江苏、浙江、江西、湖北、湖南、河南、四川、云南、上海、安徽、山东、福建，俄罗斯，日本。

木蠹蛾科 Cossidae

体中等，成虫喙退化，下唇须小或消失，触角有双栉形、单栉形或线性；足胫节的距退化或很小；前翅2A脉基部分叉，1A脉发达，有副室，R4、R5脉共柄；后翅有3根臀脉，Sc脉基部游离或在中室端部与R4脉以1短棒相连，前、后翅中室内有中脉的主干和分叉，雌蛾翅缰可多至9根。

危害特点：俗称"核桃虫"，木蠹蛾幼虫群集在核桃树干基部及根部蛀食皮层，使根颈部皮层开裂，排出深褐色的虫粪和木屑，并有褐色液体流出，或者蛀食枝干的皮层和木质部，破坏输导组织，使树势逐年衰弱，产量降低，受害严重时可引起整株枯死。

豹蠹蛾属

Zeuzer

六星黑点蠹蛾 *Zeuzer leuconotum* Butler

体灰白色，体长28～32mm，翅展40～60mm，翅面有许多比较规则的蓝黑色斑，头、胸白色，且密被灰白色短毛。

【鉴别特征】

成虫后翅前半部布满黑斑，但是斑点较小，似假豹皮，后翅除外缘有蓝色斑外，其他部分稀少或颜色很浅，前胸背板有6个排成两行明显的蓝黑色斑点，前胸背板有子叶形黑斑1对，各节有数十个黑色小点，上有短毛1根；腹部各节也都有若干个大小不等的蓝黑色斑，除腹部外均生有白色绒毛。雌虫触角丝状白色，末端黑色；雄虫触角基半部双栉齿状，端半部线状；胸部背面还有大小不等的6个黑色斑点。

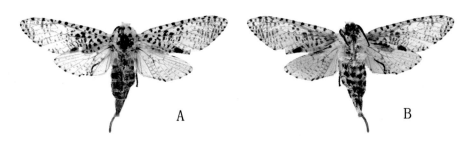

六星黑点蠹蛾 *Zeuzer leuconotum* Butler

A. 成虫背面观；B. 成虫腹面观

【寄主】

核桃、栎树、杨树、油菜、梨树、苹果。

【分布】

陕西、江苏、浙江、上海、福建、江西、四川、云南。

咖啡黑点蠹蛾 *Zeuzera coffeae* Nietner

体长 18 ～ 20mm，翅展 30 ～ 35mm。头、胸部白色，胸背有黑斑点，各节有横列的黑点。

【鉴别特征】

前、后翅白色，前翅前缘、外缘及后缘各有 1 列黑点，翅的其余部分布满黑色斑点，除中室外的斑点较圆外，其他均为窄形，后翅亚中褶之前布满黑色斑点；触角黑色，基半部双栉形，栉齿细长，雌蛾触角线性，腹部白色，背面及侧面有黑色斑，翅的其余部分亦布满黑点，但颜色较淡。

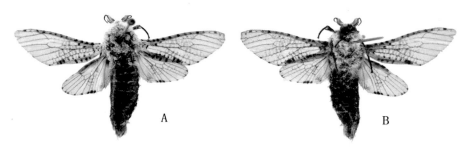

咖啡黑点蠹蛾 *Zeuzera coffeae* Nietner

A. 成虫背面观；B. 成虫腹面观

【寄主】

棉花、樱桃、咖啡、荔枝、龙眼、番石榴、蓖麻、核桃。

【分布】

台湾、福建、浙江、江西、四川、云南，印度，斯里兰卡，印度尼西亚。

木蠹蛾属

Cossus

芳香木蠹蛾 *Cossus cossus* Linnaeus

成虫体长 24 ～ 40mm，翅展 80mm。体翅灰褐色，翅上散布许多不规则的黑褐色横纹。触角扁线状或栉齿状，足胫节有距；头、前胸淡黄色，中后胸、翅、腹部灰乌色，前翅翅面布满龟裂状黑色横纹。

【鉴别特征】

体粗壮，幼虫有胸足和腹足，腹足有趾钩，体表刚毛稀而粗短。雄蛾触角栉形，雌蛾触角锯齿形，头部及颈板黄褐色；胸部暗褐色，后胸带黑色，足胫节有距；腹部灰色，前翅暗褐灰色，中区稍灰白，全翅布有较密黑色波曲横纹；后翅褐灰色，大部分有黑褐波曲纹。

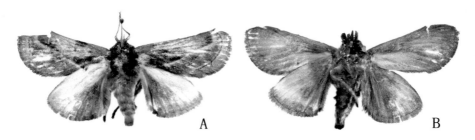

芳香木蠹蛾 *Cossus cossus* Linnaeus

A. 成虫背面观；B. 成虫腹面观

【寄主】

核桃、榆树、杨树、油菜、梨树、苹果、桃树。

【分布】

我国东北、华北、西北、华东、西南，欧洲，中亚，非洲。

刺蛾科 Eucleidae

成虫体形中等大小，身体和前翅密生绒毛和厚鳞，大多黄褐色或灰暗色，间有绿色或红色，少数白色具斑纹，口器退化，下唇须短小，少数属较长，触角一般为双栉形，翅较短阔，前翅 A 脉 2 条，中间无横脉相连，2A 脉基部分叉；后翅 A 脉三条。

危害特点：刺蛾是一种杂食性害虫，以幼虫危害为主，幼虫取食叶肉，残留叶脉，呈缺刻或孔洞，严重时叶片呈千疮百孔，影响树势和产量，幼虫体上有毒毛，接触人体，会刺激皮肤。

绿刺蛾属

Latoia Gurein

【属性特征】下唇须较短，第 3 节小，向前伸过额区，雄蛾触角基半部双栉形，雌蛾线形；胸部毛光滑，足较短，密生鳞毛，跗节具毛，后足胫节有 1 对距，腹部短粗，具粗绒毛，前翅形状从近卵形到钝三角形不等，中室横脉分岔，把中室分成两部分，前部较后部大，7～9 条脉共柄，10 脉与 7～9 脉共柄分离或从同一点伸出，11 脉直或弯曲，后翅中室后部较前部大。本属各种前翅底色大都绿色，少数暗褐色上具有绿斑。

褐边绿刺蛾 *Parasa consocia* Walker

翅展 33mm，头顶和胸背面绿色，腹部及后翅浅黄色。

【鉴别特征】

前翅绿色，基部棕褐色斑在中室下缘呈钝角形，外缘有一浅黄色宽带，黄色带上布满红褐色雾点，带内翅脉和内缘红褐色，后者与外缘平行圆滑或在前缘下呈齿形内曲；后翅及腹部浅褐色，缘毛棕色。

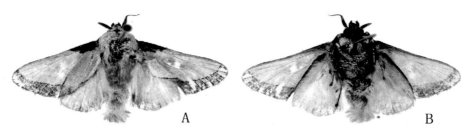

褐边绿刺蛾 *Parasa consocia* Walker

A. 成虫背面观；B. 成虫腹面观

【寄主】

核桃、白杨、柳树、槭树、桑树、梧桐、白蜡、刺槐、紫荆、乌桕、冬青、山楂、悬铃木。

【分布】

黑龙江、吉林、辽宁、山东、山西、陕西、四川、云南、湖北、湖南、安徽、江苏、浙江、江西、广西、广东、福建、台湾，日本，朝鲜，俄罗斯。

双齿绿刺蛾 *Parasa hilarata* Staudinger

体长约 10mm，头顶、胸背绿色，腹部黄色，前翅绿色，翅基部有褐色斑块，翅内缘和外缘具有浅褐色短毛。

【鉴别特征】

前翅基部有放射状褐斑一个，外缘为浅褐色短毛带，其内缘在 2 脉和 5 脉上各有齿形突大小各 1 个，近臀角处为双齿状宽带；后翅乳黄色，外缘梢灰褐色，臀角暗褐色，缘毛黄褐色，腹部密被浅黄鳞毛。

双齿绿刺蛾 *Parasa hilarata* Staudinger

成虫背面观

【寄主】

核桃、柿子、杨树、柳树、丁香、樱花、西府海棠、贴梗海棠、桃、山杏、山茶、柑橘、苹果。

【分布】

中国。

黄刺蛾属

Cnidocampa Dyar

黄刺蛾 *Cnidocampa flavescens* (Walker)

雌虫体长 15mm，翅展 35mm。体橙黄色。头部与胸背黄色，腹背黄褐色，前翅基半部黄色，端半部黄褐色，有两条暗褐色"V"形斜斑。

【鉴别特征】

前翅黄褐色，密被乳黄色鳞粉，自顶角向后缘基部与端部斜伸 2 条棕褐色细线斑，在翅尖前会合于一点，呈倒"V"形，内侧 1 条止于后缘近基部 1/3 处，此线内侧为黄色，外侧为黄褐色，外侧 1 条止于近臀角处；翅的黄色部分有 2 个深褐色斑，以雌虫尤为明显；后翅淡黄色或赭褐色，边缘色较深。

黄刺蛾 *Cnidocampa flavescens* (Walker)

成虫背面观

【寄主】

核桃、梅、海棠、月季、石榴、桂花、樱花、槭属、杨树、柳树、榆树、白兰、红叶李、悬铃木。

【分布】

福建、云南。

灯蛾科 Arctiidae

体小至中型，少数为大型。身体粗壮，色彩较鲜艳，通常为白色、黄色或红色，多具条纹或斑点，有的种类具有金属光泽；前翅 M2、M3 与 Cu 脉相近，形成 Cu 似有 4 分支，后翅 Sc+R1 与 Rs 在中室中部或以外长距离愈合。

危害特点：灯蛾科昆虫以幼虫危害为主，幼虫通常取食果树的叶片，初龄幼虫通过吐丝将相邻的叶片拉结在一起，形成窝巢，幼虫隐藏在窝巢中取食危害，取食叶片的表皮和叶肉，留下网状叶脉；3 龄以后的幼虫食量大增，扩散力加强，通过树枝和树干上下爬行，或吐丝下垂，或悬挂丝上借风飘荡，分散迁移至其他树枝或其他植株上为害。

粉灯蛾属

Alphaea Walker

【属性特征】喙退化，下唇须密被鳞毛，伸达额前，复眼间距离较大；后翅较小，黄白色。

褐点粉灯蛾 *Alphaea phasma* (Leech)

雌蛾体长 20mm，翅展 56mm，体白色，头部腹面橘黄色或酒红色，羽状触角黑色。

【鉴别特征】

下唇须黑色，下方除端节黄色外，额两侧及触角为黑色，触角白色；前翅白色，前缘脉上有 4 个黑褐点，分别位于亚基点、内线点、中线点及外线点上，另外，翅面上散布多个褐色斑点；后翅后缘区有时色较深，横脉纹不清晰，后翅反面亚前缘脉上有 2 个黑点；腹部背面橘黄色，并有 3 列连续黑点；胸足黄白色，前足基节橙黄色，其余各节上方黑色；腹部背面橙黄色、基部有白毛，背面、侧面及亚侧面具有一列黑点。

褐点粉灯蛾 *Alphaea phasma* (Leech)

A. 成虫背面观；B. 成虫腹面观

【寄主】

桃、核桃、柿、苹果、梨、梅。

【分布】

湖南、贵州、四川、云南。

舟蛾科 Notodontidae

口器不发达，喙细弱或退化；少数有单眼，触角呈栉形、锯齿形或线形；前翅后缘有或无齿形毛簇；后翅8脉与中室上缘平行至中室中央或以后，但不超过中室，肘脉三叉形，6脉与7脉共柄；体色多数褐或暗灰色。

危害特点：舟蛾科昆虫的危害特点和其他鳞翅目相似，均以幼虫取食危害为主，成虫危害极小，因此在防治上应注重幼虫的防治。

掌舟蛾属

Phalera Hübner

【属性特征】喙不发达；下唇须较短，勉强伸过额区；复眼无毛；雄蛾触角锯齿形，具毛簇，雌蛾触角线形；后胸背面具有竖立的毛簇；后足胫节有2对距；前翅稍宽，翅尖和后角较圆，顶角大多具掌形斑，外缘微波浪形；5脉从横脉中央稍上方伸出，具长副室，6脉从副室伸出；后翅3、4脉从同一点伸出，5脉同前翅，6+7脉共柄较短，约为6脉长的1/3。

黄掌舟蛾 *Phalera fuscescens* Butler

头顶淡黄色，胸背面前半部黄褐色至深褐色，后半部灰白色，有两条暗红褐色横线。

【鉴别特征】

前翅灰褐带银色光泽，基半部较暗，端半部较明亮，顶角有1个醒目的淡黄色斑块，似掌形，中室内和横脉上各有1个淡黄色环纹，基线、内线和外线黑褐色较显著，外线沿顶斑内缘弯曲伸至后缘，波浪形，外线外侧近臀角处有一暗褐色斑，亚端线由脉间黑褐色点组成，端线细黑褐色；腹部背面观密被黄褐色鳞毛，腹面观有黑色环状斑纹。

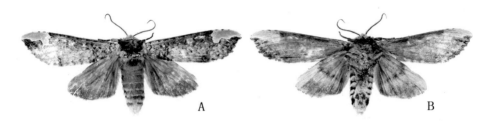

黄掌舟蛾 *Phalera fuscescens* Butler

A.成虫背面观；B.成虫腹面观

【寄主】

梨树、樱桃、栗树、核桃。

【分布】

黑龙江、河北、陕西、江苏、浙江、江西、湖南、福建、四川、贵州、云南，日本，朝鲜。

美舟蛾属

Uropyia Staudinger

【属性特征】喙退化，下唇须薄而短小，向前延伸不超过头顶，雄蛾触角双栉状分枝达 2/3，端部 1/3 短锯齿形，雌蛾触角线形，胸背中央被浓密深褐色绒毛；后足胫节只有 1 对距；腹部约有 1/3 伸过后翅臀角；前翅长，前缘近平直，翅尖钝，外缘小锯齿形，后角明显，后缘长度与外缘近等长，3、4 脉出发点距离较宽，5 脉从横脉中央伸出，6 脉从中室上角伸出，具有副室，7、9 脉从副室顶角伸出，10 脉从副室前缘近顶角伸出；后翅 3、4 出发点距离较近，5 脉同前翅，6 + 7 脉共柄长，约为 6 脉长的 2/3。

核桃美舟蛾 *Uropyia meticulodina* (Oberthur)

体长 18 ~ 23mm，翅展雄蛾 44 ~ 53mm，雌蛾 53 ~ 63mm。

【鉴别特征】

头部赭色，胸背暗棕色，腹部黄褐色，密被绒毛；前翅底色褐色，沿前缘有一淡黄色宽纵带，后缘也有 1 个色泽相同的半椭圆斑；前、后缘各有 1 个大黄褐色斑，前斑几乎占满了中室以上的整个前缘区，呈大刀形，

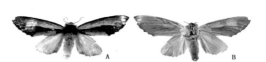

核桃美舟蛾 *Uropyia meticulodina* (Oberthur)
A. 成虫背面观；B. 成虫腹面观

后斑每斑内各有 4 条衬明亮边的暗褐色横线；后翅淡黄色，后缘稍较暗，脉端缘毛较暗。

【寄主】

核桃，胡桃属。

【分布】

黑龙江、辽宁、河北、北京、山东、江苏、浙江、江西、福建、湖北、湖南、陕西、四川，朝鲜，日本，俄罗斯。

大蚕蛾科 Saturmiidae

体型巨大、粗壮，色泽绚丽，最大的翅展可达 25cm；翅面上通常有半透明的窗形斑或眼形纹，或具有透明的眼斑，触角呈双栉状，喙退化，下唇须短或不发达，无下颚须，无翅缰，但后翅的肩角发达，臀角延伸形成尾突。

危害特点：以幼虫取食叶片危害为主，由于幼虫食量大，严重时可将整株树木叶片全部吃光，造成树冠光秃，影响树木正常生长甚至死亡。

樗蚕蛾属

Samia

【属性特征】翅展 20cm 以下，翅上无三角形半透明斑，后翅臀角不延长呈尾带状，前翅顶角处向外延伸呈钝圆形，前、后翅中室端有月牙形纹，上有黑色眉纹。

樗蚕蛾 *Philosamia Cynthia* Walker et Felder

翅展 12.5 ～ 13.0cm，体棕褐色，腹部有成排的小白斑。

【鉴别特征】

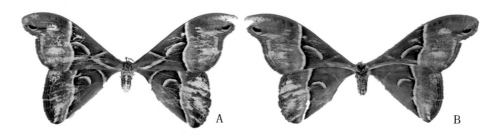

樗蚕蛾 *Philosamia Cynthia* Walker et Felder

A. 成虫背面观；B. 成虫腹面观

头部、前胸后缘及腹部的背线、侧线和腹部末端粉白色，其他部位青褐色；触角羽状；前、后翅均为褐色，中央各有一个较大的新月形斑，在新月形斑的外侧具一条纵贯全翅的宽带，宽带中间粉红色，外侧白色，内侧深褐色；前翅顶角圆而突出，具有黑色眼状斑，顶角后缘呈钝钩状。

【寄主】

乌桕、臭椿、冬青、含笑、梧桐、樟树。

【分布】

北京、河北、河南、山东、浙江、江西、江苏、黑龙江、吉林、辽宁，朝鲜，日本。

樟蚕蛾属
Eriogyna

樟蚕蛾 *Eriogyna pyretorum* Westwood

雌蛾体长 30 ～ 35mm，翅展 100 ～ 115mm，雄蛾略小。体翅灰褐色，前翅基部暗褐色，三角形；前翅及后翅上各有 1 个眼状斑。

【鉴别特征】
体较粗壮，前胸背板的背面及腹面、腹部末端密被黑褐色绒毛；腹部各节间有白色环状毛；触角线状；前翅基部暗褐色，外侧为 1 条纵向的褐色条纹，条纹内缘略呈紫红色，外侧为 1 个较大的眼状斑，眼状斑的外层为蓝黑色，前翅顶角外侧有紫红色纹两条，两侧有黑褐色短纹两条，内侧棕黑色，外线棕色双锯齿形；后翅与前翅略相同，颜色稍淡，眼状斑较小。

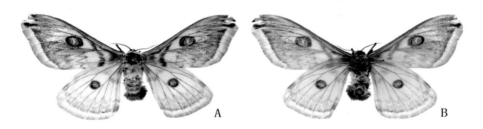

樟蚕蛾 *Eriogyna pyretorum* Westwood

A. 成虫背面观；B. 成虫腹面观

【寄主】
樟、枫杨、枫香、野蔷薇、番石榴、沙梨、核桃、板栗、枇杷。

【分布】
广东、广西、海南、香港、澳门、台湾、河北、山东、湖南、江西、福建、重庆、云南、贵州、四川、新疆、上海、江苏、浙江、安徽、江西、福建，俄罗斯，印度，越南。

天蛾科 Sphingidae

体中至大型，身体粗壮，呈纺锤形，末端尖；头较大，复眼明显，无单眼；喙通常发达，常超过身体很多；触角中部加粗，端部细而弯曲；前翅狭长，顶角尖锐，外缘倾斜，有些种类有缺刻，一般颜色较鲜艳；后翅较小，呈短三角形，色较暗，被有厚鳞；胸部粗壮，腹部末端尖且呈流线型。

危害特点：主要以幼虫取食叶片危害为主，天蛾科昆虫幼虫个体较大，取食量多，危害相对较重。

鹰翅天蛾属

Oxyambulyx

【属性特征】体大型，胸部和腹部较粗壮，前、后翅展开后与腹部形成近三角形。前翅外缘通常有大型条斑，顶角尖锐向下弯曲呈鹰嘴形，故称鹰翅天蛾，后翅上无大型眼斑，外缘波浪形。

鹰翅天蛾 *Oxyambulyx ochracea* (Butler)

翅展 97 ～ 110mm。体、前翅青灰色，前翅上有褐色或黑色斑点，外缘有 1 条褐色斑；后翅橙黄色，有黑褐色斑点；头部颜面橙黄色，胸部背两侧有 2 条宽的黑色条状斑，腹部末端有 3 个黑色斑点。

【鉴别特征】

体粗壮，腹部末端变窄。前翅顶角弯曲呈弓状像鹰翅，沿外缘浅褐色，前翅内横线由上下两褐绿色斑组成，中横线处有 1 条不显著的黑色纵纹，外横线褐色波状斑纹；后翅橙黄色，中带及外缘带棕褐色，边缘波浪状。

鹰翅天蛾 *Oxyambulyx ochracea* (Butler)

A. 成虫背面观；B. 成虫腹面观

【寄主】

核桃、山核桃、槭科。

【分布】

河北、辽宁、江苏、广东、广西、海南、上海、浙江、安徽、江西、山东、福建、黑龙江、吉林、辽宁，日本，印度。

枫杨鹰天蛾 *Oxyambulyx schauffelbergeri* (Bremer et Grey)

体长 35 ～ 45mm，翅展 107 ～ 124mm。体背面浅棕色，前胸背板两侧有 2 条黑色的宽条带，腹部末端两侧各有 1 个圆形黑斑，腹部腹面砖红色；前翅橙黄色，近基部和内缘处有黑色斑，外缘有棕色条状带；后翅浅黄色，中横线和外缘处分别具有 1 条褐色的条带。

【鉴别特征】

体型粗壮，呈纺锤形，被覆浓密的鳞毛；前翅橙黄色狭长，前缘末端弧形向下稍弯曲，顶角尖突呈钩状，外缘斜截，内缘末端向内凹入呈波浪状；两复眼间有褐色横带；翅基和中室端各有 1 个黑斑；后翅有褐色横线 3 条，外缘锯齿状。

枫杨鹰天蛾 *Oxyambulyx schauffelbergeri* (Bremer et Grey)

A. 成虫背面观；B. 成虫腹面观

【寄主】

枫杨、核桃、栎。

【分布】

北京、河北、广东、云南，日本，朝鲜。

尺蛾科 Geometridae

下颚须只留痕迹或完全退化，头部常有毛隆，腹部具有发达鼓膜听器，位于第1或第2腹节的腹面，前翅M基部近M1或居中，1A+2A基部呈叉状，后翅无1A，身体瘦长，翅大而薄，前、后翅颜色相似并常有线状条纹斑连接，静止时4翅平展；前翅R不出自中室而与R共柄，后翅Sc+R与Rs在中室附近有一段愈合，少数种无翅；幼虫腹足仅存在于第6和第10腹节，运动时常首尾相接，屈曲前进，好像丈量土地一样，故得名尺蠖或步屈；成虫体细翅大，静止时平铺，翅薄，雌蛾翅退化，或仅留残迹，或完全无翅，腹部第二节侧板下方有听器，雄蛾后足胫节有长毛丛，前翅R4+5同R2、R3共柄，后翅Sc+R1的基部分叉，Rs基部弯曲成肩角。

危害特点：属暴食性害虫，以幼虫取食叶片危害为主，严重时可将叶片上的叶肉吃光，仅留叶柄，影响树势，造成减产。

星尺蛾属

Percnia

【属性特征】翅发达，后翅M2基部位于M1与M3中间，有时更接近M3，后翅Sc+R1与Rs分离，或在中室基半部有横脉相连，后足胫节正常，但胫节距常退化。

柿星尺蛾 *Percnia giaffata* (Guenee)

体长25～28mm，翅展70～75mm。头部黄色，复眼及触角黑褐色，触角短栉齿状。

【鉴别特征】

胸部背面黄色，有一个近方形褐色斑块；足基节黄色，其余各节灰白色，中足胫节有距1对，后足有距2对；腹部金黄色，背面各节有1对黑色条斑，腹面各节均有不规则的黑色横斑；前、后翅均白色，翅面上有许多大小不同的深灰色斑点，前翅 7 列、后翅 5 列；中室端有圆形大黑斑，翅基也各有一黑点。

柿星尺蛾 *Percnia giaffata* (Guenee)

A. 成虫背面观；B. 成虫腹面观

【寄主】

杨、柳、桑、槐、梨、柿、核桃、苹果、木檫、海棠、君迁子。

【分布】

陕西、甘肃、河北、山东、山西、江苏、浙江、安徽、河南、云南、四川、重庆、江西、台湾，朝鲜，日本，俄罗斯，印度，越南，缅甸，印度尼西亚。

木檬尺蛾属

Culcula

木檬尺蛾 *Culcula panterinaria* Bremer & Grey

体长 20 ～ 25mm，翅展 50 ～ 70mm，体黄白色，头部橙黄，胸背及腹端着生橙红色毛。

【鉴别特征】

雄蛾触角锯齿状，雌蛾触角线状；下唇须短，黑褐色；额、头顶和胸部背面黄色至黄白色，有黄褐和灰色斑点，腹部背面灰白色，有灰斑；前、后翅均为白色，其上散布大小不等的灰色斑点和短纹，在前翅和后翅的外线上各有一串橙色和深褐色圆斑，前翅基部有 1 个大橙黄色斑，暗色型斑纹密集甚至连成大片灰褐色，一般中室端有大灰斑，翅端有橙黄色带及 2 列褐斑，后翅有时部分断开为分散的斑。

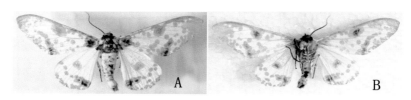

木檬尺蛾 *Culcula panterinaria* Bremer & Grey

A. 成虫背面观；B. 成虫腹面观

【寄主】

林木、木檬、核桃、果树、大田作物、药材。

【分布】

河北、北京、河南、山西、山东、内蒙古、江西、四川、台湾，日本，朝鲜。

螟蛾科 Pyralidae

体小至中型，有单眼，触角细长，下唇须伸出如鸟喙，足细长，前翅有翅脉12条，第1臀脉消失，无副室，后翅翅脉8条，臀域宽阔，有3条臀脉，肘脉常分成4支，后翅亚前缘脉及胫脉在中室外平行或相愈合。

危害特点：以幼虫取食危害为主，幼虫具有钻蛀危害的特点。中草药、食品、干果以及多种贮藏物都可受到螟蛾的危害，但也有少数种类造成卷叶危害。

桃蛀螟属

Dichocrocis

【属性特征】后翅 Cu 脉基部上侧无栉毛，喙发达，前翅 R3、R4 与 R5 脉基部共柄，前翅中室内无竖立鳞片，后翅 Sc+R1 脉与 Rs 脉分离，后足第 1 跗节无毛簇，下唇须第 2 节向上斜伸，第 3 节向前平伸或向下，下唇须第 3 节向下斜伸，前翅 M1 脉与 R3-5 脉共柄，前翅 R5 脉在 R3 脉之后由 R4 脉分出，前翅 R2 脉由中室伸出，下唇须向上弯曲，下唇须第 2、3 节圆锥形，第 3 节末端尖锐。

桃蛀螟 *Dichocrocis punctiferalis* Guenee

体长 9 ~ 11mm，翅展 20 ~ 25mm。体黄色或黄白色。前翅正面黄色，有 25 个小黑点，后翅上约有 15 个黑点，前翅基部、内横线、中横线、外横线、亚外缘线及中室端部均分布有黑点。

【鉴别特征】

触角丝状，淡黄褐色，长约为前翅的一半；复眼发达，黑色，近圆球形；下唇须两侧黑色，粗大，向上弯曲，下面及末端黄色，上面褐色；喙发达，前胸两侧有各有 1 块黑点的鳞毛，胸、腹背面各节均有 1 ~ 3 个黑褐色至褐色斑点；前胸背部有较长的黄色鳞片，前、后翅均为黄色有多个分散的小黑点。

桃蛀螟 *Dichocrocis punctiferalis* Guenee

A. 成虫背面观；B. 成虫腹面观

【寄主】

桃、梨、苹果、柑橘、石榴、向日葵、荔枝、龙眼、杉木、板栗、杏子、枇杷、云南松、核桃。

【分布】

辽宁、河北、北京、河南、山东、山西、陕西、湖南、湖北、江西、安徽、江苏、浙江、福建、广东、四川、云南、台湾，日本，朝鲜，印度。

云南核桃园
主要天敌昆虫

瓢虫科 Coccinellidae

体小至中型，背面隆起，腹面平坦，形似瓢状。头小，大部分隐蔽于前胸背板之下。触角11节，端部3节膨大，成棒状。下颚须末节斧状或端部稍微收缩，末端平截。鞘翅发达，盖住整个腹部，翅上多斑纹，形状多异。跗节多为3节，爪1对，具齿。腹板可见5～6节。多为肉食性，少数植食性。

和谐瓢虫属

Harmonia Mulsant

【属性特征】体长通常5.4～9.4mm，卵形至近圆形，背面中度至高度拱起。唇基前缘平直，前侧角突出。前胸背板前内深内凹，不盖住复眼，背板缘折前端无凹陷。前胸腹板突宽大，不隆起。两侧具细纵隆线；中胸腹板前缘中央稍内凹，或平直。鞘翅侧缘明显向外扩展，或稍扩展，具窄的镶边；鞘翅缘折无内陷。中后足胫节端无距刺。第1腹板后基线不完整，沿后缘伸向外侧，并在外侧具1分支的斜线。

异色瓢虫 *Harmonia axyridis* (Pallas)

体长5.4～8.0mm，宽3.8～5.2mm。体卵圆形，半球形拱起，但外缘向外平展部分较窄。背面的色泽及斑纹变化甚大。

【鉴别特征】

头部为橙黄色或橙红色至全为黑色。前胸背板浅色且有1个"M"形黑斑，向深色型变异时该斑黑色部分扩展相连以至中部全为黑色，仅两侧浅色；向浅色型变异时，该斑黑色部分缩小，仅留下2个或4个黑点。小盾片橙黄色至黑色。鞘翅上各有9个黑斑，向深色变异时，斑点相连成圆形，或鞘翅黑色而各有6个、4个、2个或1个浅色斑，甚至全为黑色；向浅色型变异时，鞘翅上黑点变小部分消失，以至全部消失，使鞘翅全为橙黄色。腹部的色泽也有变异，浅色的中部黑色，外缘黄色；深色的中部黑色，其余部分褐黄色。鞘翅近末端有一明显的横脊痕，这是该种识别的主要特征。雄虫第5腹板后缘弧形内凹，第6腹板中部有纵脊，后缘弧形突出。

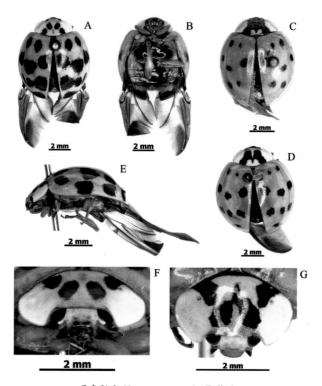

异色瓢虫 *Harmonia axyridis* (Pallas)

A、C、D.成虫背面观；B.成虫腹面观；E.成虫侧面观；F、G.头部正面观

【猎物】

豆蚜、棉蚜、高粱蚜、甘蔗蚜、桃蚜、橘蚜、木虱、粉蚧、瘤蚜。

【分布】

湖北、河北、江苏、云南、江西、浙江。

裸瓢虫属

Calxia Mulsant

【属性特征】体卵形，体长 4.0 ～ 8.0mm，体背拱起中度或强烈。前胸及鞘翅背面的刻点间平滑，无细小散漫的刻点。鞘翅侧缘稍向外扩展。前胸腹板突具 2 条纵隆线，伸达前缘。中胸腹板前缘中央三角形内凹。中后足胫节端具 2 个距刺，爪具近四方形的基齿。第 1 腹板后基线不完整，伸达后缘后，再伸向外侧。

十四星裸瓢虫 *Calvia quatuordecimguttata* (Linnaeus)

体长 5 ～ 6mm，宽 4.0 ～ 4.7mm。体卵圆形，体背中度拱起。

【鉴别特征】

翅棕黄色，每 1 个鞘翅上有 7 个乳白色斑。斑纹的形状和颜色变化较大。背面黑色，有光泽，在翅沿会合线有 1 个淡黄色纹，在翅的外缘有 4 个淡黄色纹。前胸背面前侧缘与两侧、胫节、胕节、触角等都是黄褐色，体长 2.8mm 左右。

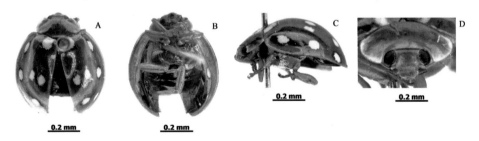

十四星裸瓢虫 *Calvia quatuordecimguttata* (Linnaeus)

A. 成虫背面观；B. 成虫腹面观；C. 成虫侧面观；D. 头部正面观

【猎物】

捕食针、阔叶树上的蚜虫。

【分布】

云南、北京、四川、西藏、湖北、吉林，日本，欧洲，北美洲。

四斑裸瓢虫 *Calvia muiri* (Timberlake)

体长 4.3 ～ 5.1mm，宽 3.6 ～ 4.3mm。体短卵形，背面强度拱起。

【鉴别特征】

头浅黄色，头顶黄褐色。前胸背板黄褐色，基半部左右两侧各有 1 对"八"字形斑，即共有 4 个斑，其中位于外侧 2 个斑与基部相连；有时前胸背板的前侧角及前缘奶白色，或具较大的奶白色斑或相连区域。鞘翅黄褐色，每一翅鞘具 6 个明显的黄白色斑点，呈 1-2-2-1 排列；鞘翅外缘奶白色，有时奶白边不明显，在鞘翅肩角及翅端呈斑点状，因而有时每一鞘翅上看起来共有 8 个斑，呈 2-2-2-1-1 排列；有时各斑扩大，会出现 2 个斑点相连的情况，如肩斑与下方的斑相连，或近翅端的 2 斑相连，或近翅端的斑与前方的侧斑相连；或有时鞘翅白色或黄色，无斑纹，但前胸背板上仍可见到 4 个浅色斑。

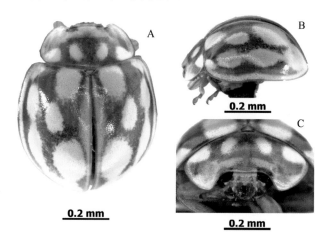

四斑裸瓢虫 *Calvia muiri* (Timberlake)

A. 成虫背面观；B. 成虫侧面观；C. 头部正面观

【猎物】

麦蚜、菜蚜、竹蚜等。

【分布】

陕西、北京、河北、河南、福建、贵州、云南、四川，日本，朝鲜，俄罗斯。

翠豆裸瓢虫 *Calvia albida* Bielawski

体长 6.5 ～ 8.0mm，宽 5.0 ～ 6.4mm。

【鉴别特征】

体型通常为短卵形，背面呈中度拱起。体背为浅草色，前胸背板的中央两侧有明显的"八"字斑，没有纵隆线。小盾片通常为黄白色，边缘为棕褐色。鞘翅表面具较多的黄白色小点，鞘缝边缘有棕褐色的窄边，腹面和足也为浅褐色。中胸腹板的前缘中央呈"U"形内凹，后基线通常不完整。

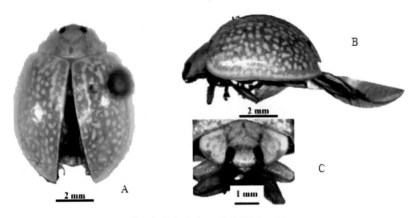

翠豆裸瓢虫 *Calvia albida* Bielawski

A. 成虫背面观；B. 成虫侧面观；C. 头部正面观

【猎物】

蚜虫。

【分布】

广西、云南、西藏，尼泊尔，印度。

壮丽瓢虫属

Callicaria Crotch

【属性特征】前胸背板缘折沿外缘具很深的凹陷，前胸背板侧缘几乎是直线形的，稍微弯曲，最宽处在背板的基部。中胸腹板前缘"V"字形内凹，几乎达腹板的 1/2，小盾片横向三角形。爪很长，具 1 尖的基齿。

日本丽瓢虫 *Callicaria Crotch* (Mulsant)

体长 8.7 ～ 12.2mm，宽 7.7 ～ 9.9mm。体红棕色。

【鉴别特征】

体卵圆形，背面呈半球形拱起。头顶基部黑色。前胸背板的近基部具 1 对圆形黑斑，不与后缘相接。小盾片黑色。鞘翅上具 14 个黑斑，每一鞘翅上呈 1-3-3 排列，其中第 2 排外侧的斑与翅缘相接或不相接。腹面中部为黑色，腹板 I ~ IV 节的外侧和腹末端红棕色，足红棕色。

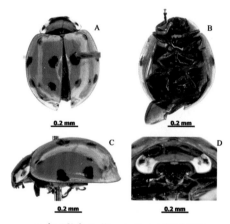

日本丽瓢虫 *Callicaria Crotch* (Mulsant)

A. 成虫背面观；B. 成虫腹面观；
C. 成虫侧面观；D. 头部正面观

【猎物】

木虱、蛾蜡蝉、蚜虫、叶甲等。

【分布】

陕西、甘肃、福建、台湾、四川、云南、西藏，日本，不丹，印度。

大菌瓢虫属

Macroilleis Miyatake

【属性特征】该属昆虫前胸背板前缘浅内凹，几乎全面盖住复眼。前胸腹板突具纵隆线，不达前缘。鞘翅外缘伸展部分较宽。下颚须末端斧状，宽约为长的 3 倍。鞘翅上有条形纹。

白条菌瓢虫 *Macroilleis hauseri* (Mader)

体长 5.3 ～ 7.3mm，宽 4.1 ～ 5.4mm。

【鉴别特征】

体宽卵形，鞘翅中部后收窄明显，背面中度拱起。头部乳白色，复眼黑色，触角、口器黄褐色。前胸背板黄色，具 3 个白斑，1 个位于中央，呈条状，另 2 个位于两侧的基半部；或前胸背板黄色，中央具 1 个不明显的褐色 "M" 形纹或 "八" 字纹；或者无斑纹。小盾片乳白色或黄褐色。鞘翅黄色或黄褐色，每一鞘翅上具 4 条乳白色或黄色的纵条，均在翅端相连，在翅基独

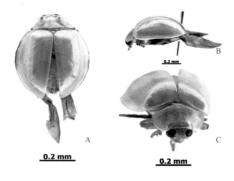

白条菌瓢虫 *Macroilleis hauseri* (Mader)

A. 成虫背面观；B. 成虫侧面观；C. 头部正面观

立或外侧 2 条可相连，侧缘黄褐色，半透明。腹面浅黄褐色，后胸腹板色稍深。足黄褐色。雄性第 5 腹板后缘宽内凹，第 6 腹板后缘中央 "V" 字形深内凹，而雌性第 5 腹板后缘中央明显弧形突出，第 6 腹板后缘几近平直。

【猎物】

白粉菌。

【分布】

甘肃、陕西、湖北、河南、福建、台湾、广西、云南、四川、贵州、西藏、海南，不丹，印度。

素菌瓢虫属

Illeis Mulsant

【属性特征】额较窄，约是头宽的 1/3。触角长于宽，端节近于卵形，长于宽。唇基前角突出。下颚须端节横向三角形，宽是长的 2 倍多。前胸背板前缘稍弧形内凹。前胸腹板突前端明显隆起，具平行的纵隆线。

体较小，体长 2.4～6.0mm，体黄色或乳白色，鞘翅上没有斑纹，前胸背板基部常常具 2 个黑斑，加上透过前胸背板的黑色复眼，粗看前胸似有 4 个黑斑，易与其他类群的瓢虫区分。但属内的不同种区分较难，常常需要检查雄性外生殖器才能确定身份。

狭叶菌瓢虫 *Illeis confusa* Timberlake

体长 3.7～5.3mm，宽 2.8～4.0mm。

【鉴别特征】

体较小，体通常为黄色，鞘翅上通常没有斑纹，前胸背板的基部常具 2 个黑斑，加上透过前胸背板的黑色复眼，粗看前胸似有 4 个黑斑。

【猎物】

真菌孢子等。

【分布】

浙江、广东、广西、香港、云南，尼泊尔，越南，泰国，印度。

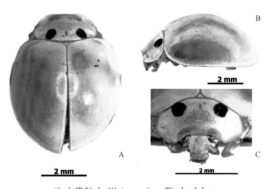

狭叶菌瓢虫 *Illeis confusa* Timberlake

A. 成虫背面观；B. 成虫侧面观；C. 头部正面观

龟纹瓢虫属

Propylea Mulsant

【属性特征】体长 3.3 ~ 5.0mm，卵形，背面中度拱起或较弱。触角较长，约为额宽的 1.5 倍，第 9 节长于宽，第 10 节长宽相近，第 11 节长卵形，长于前 1 节。唇基前侧角突出，角突之间平直。前胸背板侧缘及翅缘稍平展，鞘翅缘折内线伸达翅端。前胸背板缘折前端具内陷；前胸腹板突内具平行的纵隆线，伸达前缘。中胸腹板前缘中央呈三角形明显内凹。后基线不完整，无侧支线。中后足胫节端具 2 枚距刺，爪具 1 个四方形的基齿。

龟纹瓢虫 *Propylea japonica* (Thunberg)

体长通常在 3.5 ~ 4.7mm，宽 2.5 ~ 3.2mm。体卵形，背面拱起较弱。

【鉴别特征】

头白色或黄白色，头顶黑色，雌性额中部具 1 黑斑，有时较大而与黑色的头顶相连，雄性无此黑斑。前胸背板白色或黄白色，中基部具 1 个大型黑斑，黑斑的两侧中央常向外突出，有时黑斑扩大，侧缘及前缘浅色，通常雌性的黑斑较大。小盾片黑色。鞘翅黄色、黄白色或橙红色，侧缘半透明，鞘缝黑色。鞘翅斑纹多

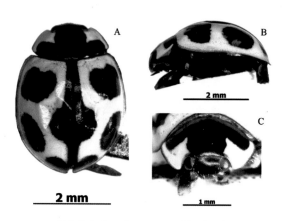

龟纹瓢虫 *Propylea japonica* (Thunberg)

A. 成虫背面观；B. 成虫侧面观；C. 头部正面观

变，黑斑扩大相连，甚至鞘翅大部黑色，仅小盾片外侧具1或大或小的黄白斑和浅色的外缘，或黑斑缩小，鞘翅只剩前后2个小黑斑，或只有肩角具1小黑斑，或无斑纹，只有黑色的鞘缝。腹面前胸背板和鞘翅缘折黄褐色，中胸后侧片白色，腹板黑色，但两侧黄褐色，腹板Ⅵ节（有时腹板Ⅴ节后缘）黄褐色。但雄性色浅，前胸腹板白色，中胸腹板中央和后胸腹板中前部有一对"V"字形白斑。

【寄主】

棉蚜、麦蚜、玉米蚜、高粱蚜。

【分布】

黑龙江、吉林、辽宁、浙江、福建、广东、广西、贵州、云南，日本，朝鲜，越南，不丹，印度。

黄室龟瓢虫 *Propylea luteopustulata* (Mulsant)

【鉴别特征】
　　体宽至卵形，为中度拱起。头顶为黑色，两侧具有黄色的斑，小盾片通常为黑色。鞘翅为黑色，每一鞘翅各具 5 个橙黄色的斑点，呈 2-2-1 排列。腹面为黑色，前胸背板缘折前半部或鞘翅缘折，外缘线常为黑色，第 1 腹节的两侧为黄褐色。足为黄褐色，其胫节或腿节常具黑色区域。

黄室龟瓢虫 *Propylea luteopustulata* (Mulsant)

A. 成虫背面观；B. 成虫侧面观；C. 头部正面观

【猎物】
　　蚜虫。

【分布】
　　云南、四川。

大丽瓢虫属
Adalia Mulsant

【属性特征】体中型，卵形。中胸腹板前缘中央几乎平直。前胸背板缘折和鞘翅缘折无凹陷。前胸腹板无纵隆线。后基线近于完整。中后足胫节具2个距刺。大多数本属瓢虫捕食蚜虫，也有捕食蚧虫、木虱或蓟马的记录。

团聚丽瓢虫 *Adalia conglomerata* Linneaus

体长通常为3.0～4.5mm，宽2.4～2.9mm。

【鉴别特征】

头黑色，额中部具1对较大的黄白色斑。前胸背板白色，具1大型黑斑，黑斑内具1对倒"八"字形的白斑，或无此白斑，或呈"M"形黑斑，或缩减呈"川"字形或"小"字形斑。鞘翅淡黄绿色，鞘缝黑色，每一鞘翅上具6个黑斑，呈1-3-2排列；或黑斑扩大，横向甚至纵向的相连；或斑纹减少，甚至无斑纹。腹面黑色，但前胸背板缘折、鞘翅缘折、腹部褐色，有时腹部基部黑色，甚至全部浅色。

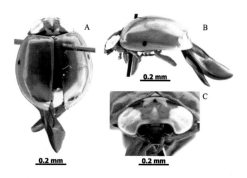

团聚丽瓢虫 *Adalia conglomerata* Linneaus

A. 成虫背面观；B. 成虫侧面观；C. 头部正面观

【寄主】

日本球蚜、棉蚜、麦蚜、玉米蚜、高粱蚜等。

【分布】

内蒙古、甘肃、陕西、云南、台湾，日本，俄罗斯，蒙古国，欧洲各国。

瓢虫属

Coccinella Linnaeus

【属性特征】唇基前缘在两侧突之间平直，不内凹。复眼较小，复眼间距约是复眼宽的3倍。前胸背板及鞘翅缘折无凹陷区域。中后足胫节端具2枚距刺，爪较细，具1基齿。与大丽瓢虫属相近，即中胸腹板前缘平直，不内凹，雌性外生殖器具1个管状骨化的漏斗器。但瓢虫属的后基线二分叉，主支沿第1腹板后缘向外延伸，侧支斜伸向腹板前角；前胸腹板2纵隆线平行，伸达腹板长度1/2，远不达腹板前缘。

狭臀瓢虫 *Coccinella transversalis* Fabricius

体长4.6～6.2mm，宽3.5～5.0mm。

【鉴别特征】

体卵形，后部较尖，背面明显拱起，光滑无毛，鞘翅外缘不向外平展。头黑色，额上具2个小型黄斑。前胸背板黑色，前角有近于长方形的黄色至红色斑（常与鞘翅基色相同），有时前缘浅色，从而两侧斑相连。小盾片黑色。鞘翅黄色至红色，鞘缝黑色，通常黑色部分止于末端之前，黑色的鞘缝在小盾片之后扩大成卵形的

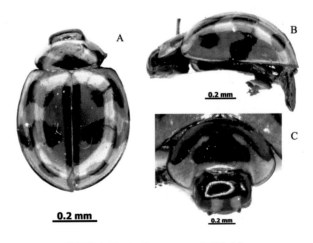

狭臀瓢虫 *Coccinella transversalis* Fabricius

A. 成虫背面观；B. 成虫侧面观；C. 头部正面观

缝斑，在翅端前形成 1 个失形斑；此外，各鞘翅上有 3 个黑色横斑，前斑倒"T"字形，不达侧缘及鞘缝；中斑位于鞘翅中部之后，与黑色的鞘缝相连或分离，不达翅侧；后斑靠近翅端，与外缘相连，与鞘缝上的失形斑相接或分离，有时此斑可消失，或扩大，整个翅端黑色。腹面黑色，中、后胸后侧片及后胸前侧片端部和第 1 腹板前角黄色。足黑色。

【寄主】

棉蚜、橘二叉蚜、高粱蚜、桃蚜、盾蚧、粉蚧等。

【分布】

福建、台湾、广东、香港、海南、广西、贵州、云南、西藏，印度，孟加拉国，澳大利亚。

七星瓢虫 *Coccinella septempunctata* Linnaeus

【鉴别特征】

　　体长 2.6 ～ 3.0mm，体黑色，触角红色或暗红色。体卵圆形，背面光滑无毛。头和前胸背板都为黑色，前胸背板的前角各有 1 大淡黄色斑，伸展到缘折上形成窄条。小盾片为黑色。鞘翅呈橙红色，鞘翅上共有 7 个黑色斑点，小盾斑被鞘翅分割为两边各一半，每一鞘翅上各有 3 个黑斑。

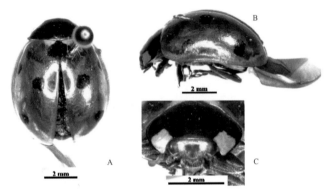

七星瓢虫 *Coccinella septempunctata* Linnaeus

A. 成虫背面观；B. 成虫侧面观；C. 头部正面观

【猎物】

　　蚜虫。

【分布】

　　北京、河北、云南、海南、台湾，朝鲜，印度，欧洲各国。

纹裸瓢虫属

Bothrocalvia Crotch

【属性特征】体中型，一般近圆形。前胸背板上有大斑，通常为"M"字形或"八"字形排列；鞘翅外缘向外斜平伸展；小盾片明显；鞘翅缘折宽阔，向端末渐收窄；鞘翅斑纹特征明显。

细纹裸瓢虫 *Bothrocalvia albolineata* (Gyllenhal)

体长 5.0 ～ 6.4mm，宽 3.9 ～ 5.0mm。

【鉴别特征】

体型呈圆形。前胸背板的近后缘有一对呈"八"字斑点。鞘翅为栗褐色，每一鞘翅上具四条黄色的纵纹，第一条从肩角向下沿外缘延长到 2/3 处与第 2 条连接；第 2 条从基部的外侧 1/3 处向下伸长到端角，与内侧的 2 条连接，第 3、第 4 条在中线和内线上，前端自基缘处伸出，后部于 3/4 处并成 1 条并和第 2 条会合。

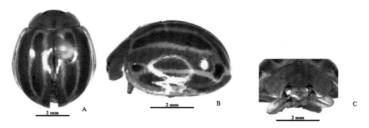

细纹裸瓢虫 *Bothrocalvia albolineata* (Gyllenhal)

A. 成虫背面观；B. 成虫侧面观；C. 头部正面观

【猎物】

蚜虫。

【分布】

云南、湖南、香港。

异斑瓢虫属

Aiolocaria Crotch

【属性特征】体中至大型，虫体为近圆形，前胸背板为黑色。前胸背板缘折全长凹陷，或前部凹陷，前角外侧几乎不内凹，唇基前缘在两前角之间齐平；中胸背板前缘仅微弱内凹。

六斑异瓢虫 *Aiolocaria hexaspilota* (Hope)

体长 8.6 ～ 12.0mm，宽 7.3 ～ 9.0mm。

【鉴别特征】

体宽为卵形，中度拱起；头部和小盾片都为黑色；前胸背板两侧有一大黄斑；鞘翅两侧延伸很宽，为浅红褐色，鞘缝和边缘为黑色，鞘翅的中央有一黑色的横带，与其交叉呈"十"字形的黑色纵带。

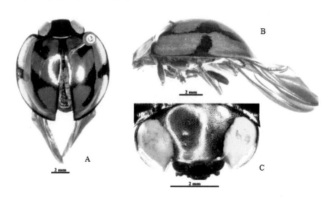

六斑异瓢虫 *Aiolocaria hexaspilota* (Hope)

A. 成虫背面观；B. 成虫侧面观；C. 头部正面观

【猎物】

蚜虫。

【分布】

北京、广东、台湾，朝鲜，日本，印度，俄罗斯。

食植瓢虫属

Epilachna Chevrolat

【属性特征】鞘翅通常有 6 或 7 个黑色斑点，斑点形态变化大。上颚有明显的端齿和侧齿，侧面有锯齿状的小齿，跗爪分裂没有基齿。

勐遮食植瓢虫 *Epilachna paramagna*

体长 7.5 ～ 9.5mm，宽 6.8 ～ 7.3mm。

【鉴别特征】

虫体的周缘呈心形，背面有明显拱起。前胸背板的侧缘为弧形，基缘的两侧内弯，且后角突出。背面为红褐色。前胸背板的中央有一明显黑斑。小盾片为黑色。鞘翅表面各自有 6 个黑斑，明显可见 1、5 两斑与鞘缝相连接，且与另一鞘翅上面所对应的斑点构成缝斑，1 斑紧紧地接在小盾片后面，4 斑则与鞘翅的外缘相连接。

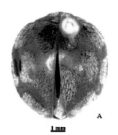

勐遮食植瓢虫 *Epilachna paramagna*

A. 成虫背面观；B. 成虫侧面观；C. 头部正面观

【猎物】

不详。

【分布】

云南。

裂臀瓢虫属

Henosepilachna

> **【属性特征】**虫体近于瓢形，周缘为卵形、椭圆形或后部收窄为心形；背部大多明显隆起，黄至红棕色有深色或浅色斑点，体背密被黄色或棕色细毛。前胸背板大多数为 7 个黑斑，互相独立存在；有些部分消失，或扩大相连，以至仅留浅色侧缘或全部为黑色；爪分裂而有基数。

马铃薯瓢虫 *Henosepilachna vigintioctomaculata*

体长 6.6 ～ 8.3mm，宽 5.8 ～ 6.5mm。

【鉴别特征】

虫体的周缘近于心形，背面明显拱起，通常为黄红色。鞘翅的端角内缘与鞘缝成切线相连接，不成突出的角状。前胸背板为黑色，具有 7 个黑色斑点，中间的 3 个斑相连合为大黑斑，侧边的两个斑分别相连成黑斑，仅剩下浅色的前缘和外缘。鞘翅表面通常有 6 个基斑和 8 个变斑，有黄灰色毛披，但黑斑上的毛披为黑色，鲜有黄色。

马铃薯瓢虫 *Henosepilachna vigintioctomaculata*

A. 成虫背面观；B. 成虫侧面观；C. 头部正面观

【寄主】

马铃薯、曼陀罗等茄科植物。

【分布】

河北、黑龙江、广西，朝鲜，日本，俄罗斯。

食虫虻科 Asilidae

又称盗虻科，体中至大型，体表多毛。头宽阔、较大，头顶凹陷，颈细；胸部粗壮，足粗长；腹部细长，8节，略呈锥形；翅狭长；爪间突刺状。

单羽史虻属

Cophinopoda Hull

中华盗虻 *Cophinopoda chinensis* Fabricius

【鉴别特征】

体大型。体褐色至黑色；触角黄至黄褐色；前胸背板宽大，稍宽于头部，中央具有暗褐色纵纹和斑；翅淡黄褐色，足黑色，胫节黄色；腹部较前胸背板窄，由基部向端部渐窄，直至末端成锥形。

【猎物】

金龟子。

【分布】

广泛分布。

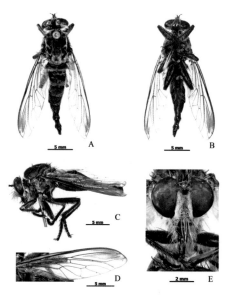

中华盗虻 *Cophinopoda chinensis* Fabricius

A. 成虫背面观；B. 成虫腹面观；C. 成虫侧面观；
D. 前翅；E. 头部正面观

核桃害虫的

绿色防控技术

一、核桃害虫的危害特征

核桃害虫种类多。由于大规模集中连片种植，核桃有害生物发生的风险迅速增大。据不完全统计，全国危害核桃的害虫有 140 余种，分属 9 个目，39 个科，本书作者研究团队发现云南核桃虫害有 3 目，27 科，80 属，93 种，主要包括鞘翅目有 6 科，半翅目有 12 科，鳞翅目有 9 科。

根据危害方式，这些害虫的口器类型有三种，分别为咀嚼式口器、虹吸式口器和刺吸式口器，鳞翅目的幼虫为咀嚼式口器，成虫为虹吸式口器。咀嚼式口器的害虫有天牛类、象甲类、金龟类、小蠹类、蛾类昆虫幼虫，共 61 种；刺吸式口器的昆虫有蝽类、蚜虫类、蚧壳虫类和蝉类昆虫，共 36 种；虹吸式口器的害虫主要是鳞翅目成虫，共 12 种。在这些害虫中，危害叶片的害虫有金龟类、鳞翅目幼虫、蝽类、叶蝉、蚜虫等 54 种；危害枝干的害虫主要有天牛类、小蠹类、木蠹蛾、蚧壳虫类、象甲类等 30 种，当然一些蝽类害虫也会危害幼嫩枝条；危害果实的主要是象甲、螟蛾科幼虫 9 种；危害根部的主要有金龟类幼虫 14 种。由此可见危害叶、枝干、果实和根的害虫均有。

核桃害虫复杂：一是同一株树或者同一片核桃林常常存在多种害虫共同危害，食叶害虫、蛀干害虫、蛀果害虫交织在一起；二是病、虫同时发生，刺吸式口器害虫还是核桃丛枝病的传播媒介，蛀干害虫也能携带病原菌进入核桃树干引起枝干病害，害虫造成的伤口也为病原菌入侵创造了条件，害虫取食导致树体衰弱易遭病原菌侵染；三是核桃分布广，在全国 20 多个省（自治区 / 直辖市）有分布，气候造成不同区域虫害发生有明显差异；四是存在同一种害虫不同发育阶段危害不同部位的现象，比如金龟类幼虫危害核桃树根部，成虫取食叶片，象甲类害虫幼虫危害果实或枝干，成虫取食叶片；五是部分害虫发生代数多，繁殖速度快，比如黑斑蚜一年发生多代，容易成灾，另外叶蝉类害虫繁殖速度快，易成灾；六是蛀干、蛀果类害虫危害隐蔽，较难发现和控制；七是目前发现的核桃虫害多数不是寡食性的，可取食多种林木和作物，而核桃林经常与农田交织在一起，不同植物害虫互相传播，造成防控困难。

根据核桃的物候期与害虫发生的具体情况，我们把危害核桃的主要害虫划分为春季型、夏季型和秋季型三大类。

春季核桃处于萌芽、开花季，这段时间的害虫主要危害核桃的枝芽和叶。众所周知，发芽开花才会有结果，为提高核桃的产量和品质，绝不能让害虫将核桃的生长扼杀在摇篮里，这个时期危害的主要害虫有金龟子、尺蠖、草履蚧、天牛等，这些害虫多为越冬代害虫，春季应做好这些害虫的防治工作。

夏季是核桃由开花到结果的季节，果实在这个阶段逐渐饱满，果仁也在这一时期发育成熟，同时也是害虫种类最多、数量最多、危害最严重的时期。这一时期的主要害虫有舟蛾、蚕蛾、毒蛾、刺蛾、木蠹蛾、天牛、象甲、蜡类、蝉类等，这个时期是核桃害虫防治的关键时期。

秋季是核桃果仁的成熟期，这一时期的害虫主要危害核桃果实，常见的害虫种类主要有螟蛾类和象甲类的幼虫等。

二、核桃虫害的防治技术

核桃虫害防治工作的原则是"预防为主，综合治理"。任何一种害虫的大量危害与适宜寄主、适宜环境有密切关系，也与自然控制因子缺失及害虫本身的繁殖能力有关。

（1）适宜的寄主。抗性弱品种、树势衰弱的核桃树是害虫的适宜寄主。造成树势衰弱的原因有多种：一是受不良天气（如干旱、水涝、霜冻等）影响，造成核桃树势衰弱；二是遭受病虫害侵染造成树势衰弱；三是水肥不当造成树势衰弱；四是种植不合理造成树势衰弱，比如林分过密导致核桃树生长不良，不适地、适树造成核桃生长不良；五是不合理的管理造成树势衰弱，比如生产过程中碰伤树皮、弄伤树根等。

（2）适宜的环境。害虫生长发育需要一定的环境，比如适宜的温度、湿度、日照等是害虫生长发育的必要条件，适宜的气候为害虫生长发育和繁殖创造了良好条件，容易引起害虫暴发。

（3）越冬虫口密度和害虫本身繁殖效率。越冬虫口密度越大，害虫本身繁殖效率越高越容易发生大面积危害。

1. 核桃虫害预防措施

基于害虫暴发的因子分析，要贯彻"预防为主"的方针，就要针对虫害发生因子采取适宜预防措施。预防技术措施有以下几个方面：

（1）抗性品种选育。将抗性作为育种的重要指标，贯穿新品种培育全过程，力争选育出品种性状良好、抗性强的新品种；大量栽培核桃时注意选择抗性强的品种。

（2）适地适树。核桃适宜生长范围广，但是不同品种适应范围不同，要根据当地气候、土壤类型选择适宜品种，做到适地、适树。

（3）改善小环境。适宜的环境是核桃虫害发生和流行的必要条件，大的气候环境难以控制，但是可以通过营林技术措施创造不利于虫害发生的条件，比如通过合理密植、修枝等增加通风透光。

（4）提高树势。针对树势衰弱的情况，采取适当水肥管理、加强病害防治、林地注意排水、生产过程注意保护核桃树，避免人为创伤等措施来增强树势。

（5）注意林地卫生。冬春季节对核桃林地进行清理，注意清理带虫的枯枝落叶，并集中深埋或者粉碎后经堆沤发酵作为有机肥还林，必要时对林地进行翻土作业，破坏土壤越冬害虫生存环境，减少土壤越冬害虫的数量。

（6）加强检疫。外调苗木时要加强苗木检疫，避免带虫苗木外调，本地栽培时也要选用健康无病虫苗木上山。

2. 核桃虫害监测预警技术

预防措施做得好对于核桃病虫防治是极为有利的，但是，无论预防措施如何细致，核桃也不可避免会遭受害虫的侵染和危害，如果能在虫害发生早期及时发现和处理，就能最大限度地减小虫害造成的损失，并降低防治难度和减少对环境与产品质量的影响。因此，监测预警在核桃害虫防治中发挥着重要作用。监测方法可以分为地面监测、低空无人机监测和卫星遥感监测等。

1）地面监测

（1）人工地面调查。

经常深入田间地头，查看核桃林长势和病虫危害情况，是实现早发现、早控制的法宝。对于害虫危害的观察要学会四看一刨：一看树木，二看害虫，三看危害，四看环境。看树木主要看树木长势，仔细观察树木叶片是否卷曲、发黄、萎蔫，过早落叶，叶片是否有害虫取食痕迹，观察枝干是否有虫孔，虫孔是否有木屑和新鲜昆虫粪便，观察是否有枝条枯萎、树木死亡等现象；看害虫就是观察是否存在害虫取食，对有异常的叶片、枝条及树木仔细观察是否存在害虫（包括虫卵、幼虫、茧和成虫）及害虫危害的症状，比如叶片是否被取食，枝干是否有虫孔和害虫等；看危害主要是看虫害危害的严重程度，包括危害面积、危害等级等，达到一定的危害面积和等级及时采取处理措施；看环境就是看林木和枝叶是否过密，林下卫生状况是否良好，核桃林周边作物或森林是否有害虫危害等。在观察过程中如果遇见不认识的害虫应及时采集标本送专业人员鉴定，并上报植保站、林业站、科研院所等专业机构。一刨就是要刨根问底，有些害虫危害隐蔽，比如枝干害虫常钻入枝干隐蔽危害，根部害虫在地下隐蔽危害，难以直接观察到虫子，这时就要刨开根部土壤或者切开树皮，认真查看是否有害虫危害及害虫的种类。

大面积核桃林难以每一棵都观察到，可以采取随机踏查、随机抽样或者对角线、之字形方式调查。

（2）地面定点监测。

除了人工地面调查外，也可以采取地面定点监测方式监测害虫发生危害情况。一是在核桃林中悬挂诱虫灯，利用灯光引诱害虫，通过灯光引诱害虫的数量和种类确定核桃林害虫发生危害情况，灯光引诱选择性不强，可以监测多种害虫发生危害情况，但是有部分害虫对光线不敏感难以监测，或者部分危害虫态对灯光不敏感，不能在危害期及时发现害虫；二是在林内设置诱捕器，通过信息物质引诱害虫，比如鞘翅目昆虫、鳞翅目昆虫都有专一性强的引诱剂，但是通过引诱剂监测专一性强，只针对某一种昆虫有效。

2）低空无人机监测

由于核桃集中连片种植，核桃林面积大，特别是山区大面积种植核桃，采取人工地面调查和地面定点监测，一方面难以做到监测全覆盖，另一方面监测费时费力。随着无人机技术的发展，低空无人机监测有害生物成为新趋势。无人机监测适合大面积人工种植核桃林，一次飞行可监测上百亩甚至上千亩核桃林。无人机监测的重点是对监测图像的判读，只有准确判读才能使监测更为有效和精准。无人机监测主要监测林木生长情况及受害情况，一般情况需要地面调查配合才能准确判断害虫种类和危害虫态。但是随着无人机技术发展和机载相机的进步，高光谱相机已经逐步得到应用，采用高光谱无人机影像甚至能较为准确判断害虫的种类。

3）卫星遥感监测

通过不同时间卫星遥感影像的对比，分析出病虫害发生面积、发生区域、危害程度等，随着卫星遥感技术的发展，高光谱、多光谱卫星影像数据的采集和分析能有效判断害虫危害严重程度和害虫种类。

4）核桃虫害的预警

通过天空地一体核桃虫害的监测，获得害虫发生的遥感卫星数据、低空无人机数据和地面监测数据，将这些数据融合起来，并结合地形地貌数据、气象数据、植被数据，形成核桃害虫监测大数据。分析天空地监测数据，构建预警模型，开展害虫发生危害和扩展蔓延测报。通过核桃虫害预警提高预防措施和防治技术的针对性，有效降低核桃虫害的发生率，减小因灾损失。

正是因为核桃虫害种类多，林农难以正确识别和选择有效的防控技术。为解决这一难题，促进科技成果有效服务林农，西南林业大学专家联合云南这里信息技术有限公司开发了"云南核桃智能空间大数据平台"和"核桃保保"。并将相关科技成果和专家知识融入大数据平台。林农通过手机关注微信公众号"核桃保保"就能随时开展病虫检索、图像识别，了解每种核桃病虫发生危害规律、防治技术，了解不同核桃品种栽培管理技术，也能在线咨询核桃病虫相关知识和防控技术，系统能通过用户操作产生数据了解病害发生的地点、时间和面积等相关信息，并根据这些信息进行预测预报。该系统自 2017 年 12 月 30 日开通运行以来，已经无偿为林农提供病虫知识和防控技术查询服务 10 多万次，解答林农问题 3980 多次，收集病虫上报信息 8810 条。除了云南核桃种植户外，该系统还为山西、山东、陕西、四川、贵州、重庆、河南等省（市）核桃种植户提供无偿服务。通过该大数据平台对核桃病虫发生能有效开展监测和预警。

3. 核桃虫害绿色防治技术

核桃发生虫害是不可避免的，只是发生的严重程度和危害面积因时间、空间和管理措施的差异而不同。一旦虫害发生，并达到一定的危害程度，影响核桃树的生长及核桃产量和品质时就不得不采取控制措施。采用绿色控制技术是当今的趋势，绿色控制技术也是保障食品安全和环境安全的重要途径。

1）物理防治技术

（1）人工物理防治。人工物理控制技术绿色环保，但是费时、费力、费工，难以大面积应用，但是，当虫害发生面积小，且危害程度较轻时可以采取人工物理防治技术。人工物理防治技术方法较多，比如，采用捕虫网捕捉交配和繁殖期成虫，天牛可采取这种方法。捕捉的成虫集中深埋或者杀死，在秋冬季节，核桃叶片脱落后摘除挂在树枝上的害虫虫茧，虫茧摘除后装在孔径适宜的网袋中，置于林间，让寄生天敌能羽化后飞出，但是害虫羽化后不能飞出，袋蛾、蓑蛾、蚕蛾科害虫防治可采用这种方法；摘除或者清除带虫的树叶、树枝和果实，清除的带虫材料及时深埋或者粉碎堆沤处理，腐熟后作为有机肥施用于核桃林或者其他经济作物。也可以利用部分害虫假死现象，振动树体让害虫掉落地面，集中收集处理，鞘翅目害虫可采用此方法。

（2）利用害虫趋光性防治害虫。不少害虫都有趋光性，因此生产上也常用害虫这一特性诱杀害虫，比如可以在核桃林缘或者核桃林林窗安放黑光灯诱杀害虫，这种方法对鞘翅目、鳞翅目、双翅目、半翅目害虫的成虫有良好的杀虫效果；也可采用振频式杀虫灯诱杀害虫，频振式杀虫灯主要元件是频振灯管和高压电网，频振灯管能产生特定频率的光波，近距离用光，远距离用波，引诱害虫靠近，缠绕在灯管周围的高压电网能将飞来的害虫杀死或击昏，以达到防治害虫的目的。

（3）空间阻隔方法防治害虫。有些害虫需要下树越冬，第二年春季孵化幼虫沿着树干上树危害，针对害虫这一特性可以采用空间阻隔方法防治，比如在树干距地1米左右缠胶带、扎塑料布、涂油环、涂粘虫胶等。采用这些方法后，草履蚧若虫孵化出土上树时大部分都会聚集在隔离带的下面，这时可以采用拍打、喷药的方式进行灭杀。

（4）其他物理方法。高温、辐射等方法也能杀死害虫，特别是苗木上山前可以短时高温或者微波辐射处理，能杀死部分苗木害虫。

2）生物防治技术

生物防治核桃虫害具有绿色、持效期长等特点，在生产上非常常用和实用。生物防治技术坚持"以虫治虫、以菌治虫和以鸟治虫"为原则，利用寄生性天敌、捕食性天敌或病原微生物及其产品等控制害虫密度，从而达到减轻害虫造成的危害的目的。常见的生物防治措施有以下几种。

（1）保护和利用天敌昆虫。

核桃园中的害虫天敌大约有200种，常见的有10余种。在果园生态系统中，由于害虫自然天敌的存在，一些潜在的害虫受到抑制，能使果园虫害种群数量维持在危害水平之下，不表现或无明显的虫害特征。因此，在果园中害虫的天敌对害虫的密度和蔓延，起到了减小和抑制的作用。同时，要改善果园生态环境，保持生物多样性，为天敌提供转换寄主和良好的繁衍场所。在使用化学农药时，要尽量选择对天敌伤害小的农药。秋季天敌越冬前，在枝干上绑草把、旧报纸等，为天敌创造一个良好的越冬场所，诱集果园周围作物上的天敌来果园越冬。冬季刮树皮时，注意保护翘皮内的天敌，生长季节将刮掉的树皮妥善保存，放进天敌释放箱内，让寄生天敌自然飞出，增加果园中天敌的数量。也可以如前所述，采摘袋蛾、蓑蛾、蚕蛾等鳞翅目昆虫的茧，置于网袋内，网孔大小适宜天敌飞出，而羽化害虫不能外逃，这样也能达到保护和利用天敌作用。

（2）利用昆虫激素防治害虫。

利用昆虫激素防治核桃害虫，在果树生产中应用广泛。昆虫激素可分为外激素和内激素两种。外激素是昆虫分泌出的一种挥发性物质，如性外激素和告警外激素；内激素是昆虫分泌在体内的化学物质，用来调节发育和变态的进程，如保幼激素、蜕皮激素和脑激素。性外激素在果树害虫防治工作中比内激素的使用范围更为广泛，昆虫主要是通过嗅觉和听觉来求偶的，人为地采用性外激素进行干扰，可大量诱集雌虫，从而使雌虫失去配偶机会，不能正常繁殖，达到防治害虫的目的。通常使用的方法有两种。

①性诱剂迷向法。在昆虫交配期间，通过释放大量昆虫性外激素物质或含性引诱剂的诱芯，与自然条件下昆虫释放的性外激素产生竞争，中断雌、雄个体间的性信息联系，减少后代繁殖量，降低虫口密度。性诱剂是一种仿生的化合物，无毒无公害，成本低廉，使用方便，用它来防治害虫可减少因滥施农药而造成中毒事件的发生和减轻环境污染，增强自然天敌的控制作用，保持生态平衡，有利于促进农业的可持续发展。性诱剂具有以下优点：a.活性强，灵敏度高，一个诱芯能引诱几十米、几百米远的雄蛾；b.专一性强，选择性高，只对特定害虫发生作用；c.用法简单，价格低廉，每亩*地用 1 ~ 2 个诱芯，可有效诱集时间长达 1 个月，可防治一个世代的蛾子；d.无毒无害，污染小，属于仿生农药，不污染环境，对人、畜、天敌和作物无毒，无须直接喷施，长期使用不产生抗药性。另外，性诱剂还能够更加准确地进行虫情预测预报，它作为测报的工具和手段，既是有效的防治措施，又可有效地指导害虫的综合防治。

②诱捕法。把羽化后尚未交尾的雌虫腹末剪下，浸在二氯甲烷、乙醚、丙酮、苯等溶液中，将组织捣碎滤出残渣，然后蒸去滤液中的溶剂，即可得初提物，将粗提物用于喷洒，可以大量诱集雄虫，使雌虫失去配偶机会，从而不能繁殖，达到防治害虫的目的。

3）利用微生物或其代谢产物防治害虫

利用真菌、细菌、放线菌、病毒和线虫等有害微生物或其他代谢产物防治核桃害虫、喷洒 Bt 乳剂或青虫菌 6 号 800 ~ 1000 倍液，对核桃刺蛾、尺蠖、毒蛾等多种鳞翅目幼虫有较好的防治效果。

4）人工饲养和释放天敌

人工释放赤眼蜂，对防治刺蛾等叶部害虫十分有效。目前赤眼蜂人工卵已可进行半机械化生产。在卷叶蛾危害率达 5% 的果园，于第 1 代卵发生期连续释放赤眼蜂 3 ~ 4 次，可有效控制其危害。

5）无公害化学防治技术

化学防治具有见效快、效率高、受区域约束较小的特点，特别是对大面积、突发性病虫害，可在短期内迅速得到有效控制，具有使用方便和经济高效等优点，但长期使用易导致病虫的抗药性增加。另外，化学药剂如果使用不当可对动、植物产生药害，引起人畜中毒，杀伤有益微生物等。同时，农药的高残留还可造成环境污染。因此，为了充分发挥化学防治的优点，减轻其不良作用，农户应恰当地选择农药种类和剂型，采用适宜的施药方法，合理使用农药。

---

* 1 亩 ≈ 667m^2

（1）农药使用应遵循的原则。

①对症下药。"症"指的是不同种类的害虫。每种药剂只对某些特定类群的害虫有防治效果，在断定害虫种类的基础上，科学用药，才能有效减小害虫造成的损害，节省不必要的开支。依据害虫预测预报或历年发作规律，在害虫大量危害之前，喷保护性药剂，可有效防止虫害的大规模发生。

②适时用药。对各种病虫害需研讨断定其药剂的防治目标，再依据其预测预报及时施药，过早或过迟都会造成一定的经济损失。因此，喷药时间要科学选择，特别在夏日晴天气温高，喷药时应选择上午10时或下午4时前后，防止药液中水分蒸腾过快，药液浓度增高，发生药害。喷药时要确保均匀周到，不留死角，力求防治完全。

③交替用药。长期大面积使用某一类药剂，会促使害虫产生抗药性，导致用药量逐年增大，防治效果不断下降，形成恶性循环。因此，在挑选农药时，为了延长药效时间，保持它们的持久威力，在同一地块内，不要连续多年、多次、单一运用某一种药剂，而应选择不同的有效药剂交替使用，或选用灭菌机制不同的2～3种药剂混合使用。如杀虫剂中的拟除虫菊酯、氨基甲酸酯、生物农药等可以替换运用；反之，像波尔多液这类一般性灭菌剂，它的灭菌机制在于铜离子凝结病菌原生质，挑选性不强，因此波尔多液不会发生抗药性问题，可放心长时间多次运用。

④严格依照国家有关规定选用农药。生产优质安全果品，应禁止使用剧毒、高毒、高残留和致畸、致癌、致突变的农药。因此，在选用农药时，应留意用药安全，不能发生药害，降低农药残留与环境污染，防止破坏生态平衡；挑选高效药剂，确保防治效果；选用耐雨水冲刷的农药，充分发挥药效，削减用药次数；合理选用混配农药，既要充分发挥不同类型药剂的效果和特色，又要防止一些负面效果；运用农药应有久远和全局观念，不能只顾眼前和局部利益。

目前国家禁用或者限用农药包括：氟苯虫酰胺、涕灭威、内吸磷、灭线磷、氯唑磷、硫环磷、乙酰甲胺磷、乐果、丁硫克百威、三唑磷、毒死蜱、硫丹、治螟磷、蝇毒磷、特丁硫磷、砷类、杀虫脒、铅类、氯磺隆、六六六、硫线磷、磷化锌、磷化镁、磷化铝（规范包装的产品除外）、磷化钙、磷胺、久效磷、甲基硫环磷、甲基对硫磷、甲磺隆、甲胺磷、汞制剂、甘氟、福美胂、福美甲胂、氟乙酰胺、氟乙酸钠、二溴乙烷、二溴氯丙烷、对硫磷、毒鼠强、毒鼠硅、毒杀芬、地虫硫磷、敌枯双、狄氏剂、滴滴涕、除草醚、草甘膦混配水剂（草甘膦含量低于30%）、苯线磷、百草枯水剂、胺苯磺隆、艾氏剂、丁酰肼（比久）、灭多威、水胺硫磷、杀扑磷、克百威、甲基异柳磷、甲拌磷、氧乐果、氟虫腈、溴甲烷、氯化苦、三氯杀螨醇、氰戊菊酯、2,4-滴丁酯、百草枯、八氯二丙醚等。在选用药剂时严格按照国家相关规定，应尽量避免使用禁用或者限用农药。

（2）不同部位典型害虫化学防治方法。

根据害虫的危害部位不同，我们将危害核桃的害虫划分为4类，即叶部害虫、枝干害虫、根部害虫和果实害虫。下面介绍几种常见害虫的防治方法。

①叶部害虫的防治方法。

金龟子：成虫出土后几天，不善飞翔，可用毒死蜱、辛硫磷等有机磷或高效氯氟氰菊酯类产品喷洒地上进行杀虫，或在浇水时，随水冲施农药，消除土壤中的害虫；在成虫危害盛期，用50%辛硫磷乳油或40%乐斯本乳油等有机磷农药200倍液喷洒树盘土壤，用10%吡虫啉可湿性粉剂1500倍液、40%乐斯本乳油1000倍液喷洒树冠，喷药时间为下午4点以后，均能杀死大量的成虫。

刺蛾：幼虫盛发期喷洒2.5%溴氰菊酯乳油3000倍液，或50%辛硫磷乳油1000倍液、50%马拉硫磷乳油1000倍液、25%亚胺硫磷乳油1000倍液，防治效果较好。

舟蛾：在幼虫盛发期及时喷施10%氯氰菊酯1000倍液，或50%马拉硫磷乳油1000倍液，或3%高渗苯氧威乳油4000倍液，或1.2%苦-烟乳油植物杀虫剂1500倍液，或25%灭幼脲悬液2000～3000倍液，或25%灭幼脲I号800～1000倍液，进行喷雾防治。

大蚕蛾：幼虫期（3龄幼虫）喷洒90%鱼藤精800倍液、25%杀虫双500倍液，防治效果较好。

蟥类：针对蟥类为刺吸式危害特点，通常采用内吸剂的药物进行防治，重点抓好第1代若虫的孵化盛期即4月下旬的防治，可以叶面喷洒40%的毒死蜱乳油，或40%辛硫磷乳油1000倍液，或20%杀灭菊酯乳油2500倍液，或20%抑食肼可湿性粉剂1500～2000倍液，也可采用5%可湿性吡虫啉粉剂1500倍或25%的溴氰菊酯1500倍，或0.5%的苦参碱水剂1000倍液树冠喷雾防治，具有较好的防治效果。

蝉类：在低龄幼虫盛期用药，可采用较低浓度；在虫龄偏高时，应以高浓度为好，以增强防治效果。用7.5%鱼藤酮乳油1000倍液，或0.6%苦参碱水剂1000倍液，下午4点或傍晚前后喷药，24h内喷施2次；在第3代成虫向果树转移前喷药，即9月下旬至10月上旬每隔10天左右喷1次药，可选用3%啶虫脒乳油1500倍液，或10%吡虫啉乳油1500倍液，或25%联苯菊酯2000倍液，或5%啶虫脒乳油5000～6000倍，效果较好。

②枝干害虫的防治方法。

天牛：可以采用虫孔施药的方法，即在发现有新木屑排出的 6～7 月份，即幼虫在木质部危害期间，先用细铁丝类的工具将虫道内的木屑取出，然后将 10%吡虫啉可湿性粉剂或 16%虫线清乳油 100～300 倍液 5～10ml 注入孔内，也可浸药棉塞孔，然后用黏泥或塑料袋堵住虫孔达到熏杀幼虫的目的，施药应在危害初期的浅皮层时防治效果最佳，通常在一天中的 10:00～15:00 害虫活动旺盛时用药，可以提高药剂和虫体的接触机会，提高防治的效果。另外，也可在成虫发生期，对集中连片危害的核桃林树干喷洒 25%灭幼脲 500 倍液或 1.2%苦 - 烟乳油 800 倍液。

盾蚧：在各代若虫孵化高峰期用药效果较好，用 50%马拉硫磷 1500 倍液，或 25%亚胺硫磷 1000 倍液，或 2.5%溴氰菊酯 3000 倍液，或 40%毒死蜱乳油 1000 倍液、24%螺虫乙酯悬浮剂 3000 倍液、29%石硫合剂水剂 300 倍液等。

绵蚧：孵化始期 40 天左右，喷施 30 号机油乳剂 30～40 倍液；或喷棉油皂液 80 倍液，一般洗衣皂也可，对植物更安全；或喷 25%西维因可湿性粉剂 400～500 倍液，作用快速，对人体安全；或喷 5%吡虫啉乳油；或 50%杀螟松乳油 1000 倍液。

蜡蚧：初孵若虫分散转移期喷 50%马拉硫磷乳油 600～800 倍液、25%亚胺硫磷或杀虫净或 30%苯溴磷等乳油 400～600 倍液、50%稻丰散乳油 1500～2000 倍液。也可用矿物油乳剂，夏秋季用含油量 0.5%，冬季用 3%～5%或松脂合剂，夏秋季用 18～20 倍液，冬季用 8～10 倍液。

木蠹蛾：在 6～7 月用 70%吡虫啉水分散粒剂 3000 倍液于树干基部喷雾，毒杀虫卵及初孵幼虫，或用 2.5%高效氯氟氰菊酯 1500 倍液于树干基部喷雾，防治初孵幼虫；也可在幼虫危害盛期，用铁丝将蛀孔内粪屑挖空，然后将 10%吡虫啉可湿性粉剂或 16%虫线清乳油 100～300 倍液 5～10ml 注入孔内，或直接将药液注入虫道后，用泥密封排粪孔杀虫。

③根部害虫的防治方法。

金龟子幼虫：在成虫发生量大的年份，根据其幼虫生活在地表的习性，用辛硫磷乳油拌种或拌炉渣制成毒沙撒入种沟内防治地下的幼虫，或者喷 50%辛硫磷乳油 800～1000 倍液，防治幼虫效果较好。

象甲科幼虫：在春季幼虫开始危害时，挖开树基部的土壤，撬开根部的表皮，喷撒 80%的磷胺乳油 300 倍液，或 50%的辛硫磷乳剂 200 倍液，然后将土填埋，可以有效地防治象甲的幼虫；成虫期用 50%三唑磷乳油，或 50%辛硫磷 1000 倍液，或 40%水胺硫磷 1500 倍液，或 48%乐斯本乳油 1000 倍液喷雾杀死成虫。

④果实害虫的防治方法。

核桃长足象：常使用的是有机磷类杀虫剂，在5月中旬成虫产卵期及幼虫初孵期采用50%甲基对硫磷1500倍液行树冠喷雾，20天后检测防治效果，50%甲基对硫磷的保果率为79.6%；于4月底成虫上树期，混合喷施乐果和大功臣两种药剂，也可以使保果率达到72.7%；4月下旬，于树的侧根进行两次注药并且结合树冠喷施40%乐氰乳油3000倍液和2.5%功夫乳剂200倍液，每隔15天喷1次，连喷2次，对核桃长足象的防治效果可达到85%以上。除有机磷杀虫剂外，菊酯类杀虫剂也是比较好的防治药剂，于5月初用10%顺式氰戊菊酯乳油4000倍液、20%杀灭菊酯乳油4000倍液及50%辛硫磷乳油1500～2000倍液进行喷雾防治，每隔7天防治1次，接连防治4次，防效均能达到90%以上。

总之，化学防治应是突发状态下的一种应急措施，切忌长期、持续和专用一种杀虫剂，同时禁止使用甲胺磷、氧化乐果、氧化菊酯、久效磷、克百威（呋喃丹）、涕灭威（铁灭克）等剧毒、高毒、高残留的农药和致畸、致癌、致突变的农药进行核桃虫害的防治。

附　录

云南核桃害虫成虫背面观图版（1）

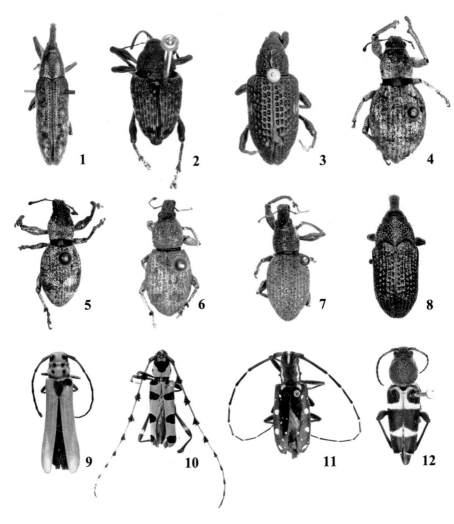

1. 崔斑筒喙象 *Lixus ascanii* Linnaeus；

2. 榛象 *Curculio dieckmanni* Faust；

3. 松瘤象 *Hyposipalus gigas* Fabricius；

4. 大灰象 *Sympiezomias velatus* (Chevrolat)；

5. 北京灰象 *Sympiezomias herzi* Faust；

6. 云斑斜纹象 *Lepyrus nebulosus* Motschulsky；

7. 淡绿球胸象 *Piazomias brevius* (Fairmaire)；

8. 核桃长足象 *Alcidodes juglns* Chao；

9. 赤瘤筒天牛 *Linda nigroscutata* Fairmaire；

10. 茶丽天牛 *Rosalia lameerei* Brongniart；

11. 黄星天牛 *Psacothea hilaris hilaris* (Pascoe)；

12. 巨胸脊虎天牛 *Xylotrechus magnicollis* (Fairmaire)

云南核桃害虫成虫背面观图版（2）

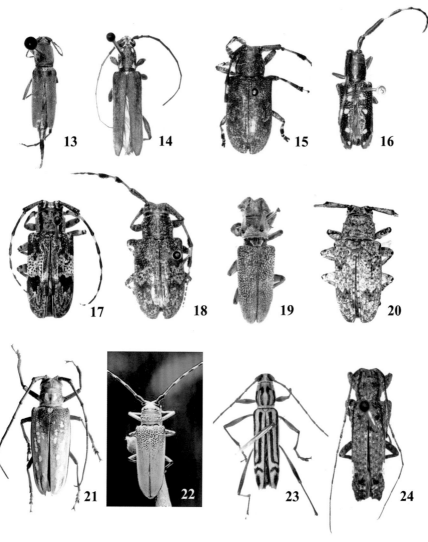

13. 绿毛绿虎天牛 *Chlorophorus uiridulus* Kano；

14. 四斑蜡天牛 *Geresium quadrimaculatum* Gahan；

15. 西藏簇角缨象天牛 *Cacia cretifera* thibetana；

16. 柱角天牛 *Paragnia fulvomaculata* Galan；

17. 黑带象天牛 *Mesosa rupta* (Pascoe)；

18. 红足墨天牛 *Monochamus dubius* Gahan；

19. 绿墨天牛 *Monochamus millegranus* Bates；

20. 麻点瘤象 *Coptops leucostictica* leucostictica；

21. 云斑天牛 *Batocera horsfieldi* (Hope)；

22. 桑天牛 *Apriona germari* (Hope)；

23. 管纹艳虎天牛 *Rhaphuma horsfieldi* (White)；

24. 云南突尾天牛 *Sthenias yunnana* Breuning

云南核桃害虫成虫背面观图版（3）

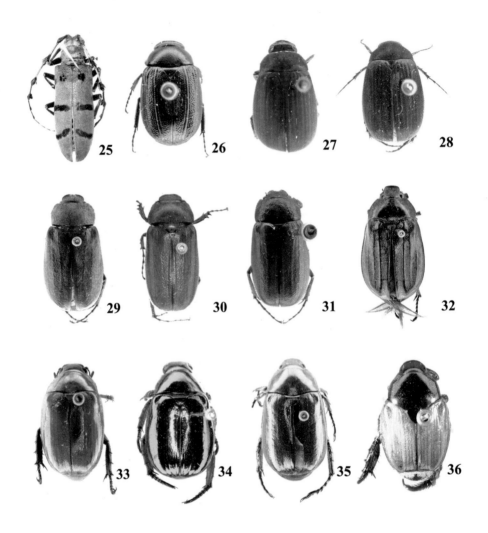

25. 木棉丛角天牛 *Diastocera wallichi* (Hope)；　26. 黑绒金龟 *Maladera orientalis* Motschulsky；

27. 阔胫玛绢金龟 *Maladera verticalis* (Fairmaire)；　28. 华阿鳃金龟 *Apogonia chinensis* Moser；

29. 华北大黑鳃金龟 *Holotrichia oblita* (Faldermann)；　30. 棕翅爪鳃金龟 *Holotrichia titanis* Reitter；

31. 弧齿爪腮金龟 *Holotrichia sichotana* Brenske；　32. 灰胸突鳃金龟 *Hoplosternus incanus* Motschulsky；

33. 蓝边矛丽金龟 *Callistethus plagiicollis* Fairmaire；　34. 铜绿异丽金龟 *Anomala corpulenta* Motschul；

35. 蒙古异丽金龟 *Anomala mongolica* Falder；　36. 多色异丽金龟 *Anomala chaemeleon* Fairmaire

云南核桃害虫成虫背面观图版（4）

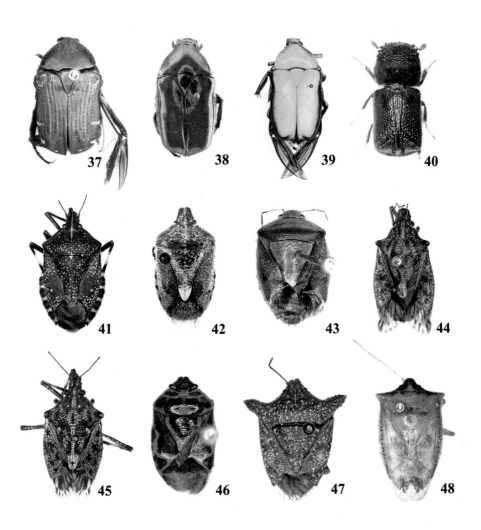

37. 小青花金龟 *Oxycetonia jocunda* Faldermann；

38. *Rhomborrhina gestroi* Moser；

39. 绿罗花金龟 *Rhomborrhina unicolor* (Motschulsky)；

40. 长棘小蠹 *Lycaeopsis* zamboangae；

41. 麻皮蝽 *Erthesina fullo* (Thunberg)；

42. 斑须蝽 *Dolycoris baccarum* (Linnaeus)；

43. 珀蝽 *Plautia fimbriata* (Fabricius)；

44. 茶翅蝽 *Halyomorpha picus* (Fabricius)；

45. 长叶蝽 *Amyntor obscurus* (Dallas)；

46. 菜蝽 *Eurydema dominulus* (Seopoli)；

47. 全蝽 *Homalogonia obtusa* (Walker)；

48. 尖角普蝽 *Priassus spiniger* Haglund

云南核桃害虫成虫背面观图版（5）

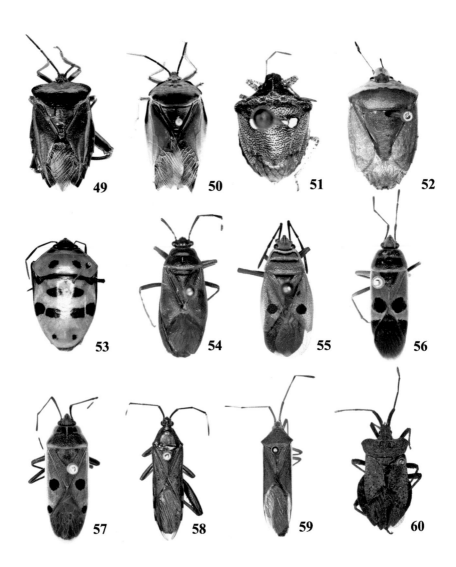

49. 硕蝽 *Eurostus validus* Dallas；

50. 巨蝽 *Eusthenes robustus* (Lepeletier et Serville)；

51. 二星蝽 *Eysacoris guttiger* Thunberg；

52. 稻绿蝽 *Nezara viridula* (Linnaeus)；

53. 黄宽盾蝽 *Poecilocoris rufigenis* Dallas；

54. 巨红蝽 *Macroceroea grandis* (Gray)；

55. 离斑棉红蝽 *Dysdercus cingulatus* (Fabricius)；

56. 突背斑红蝽 *Physopelta gutta* (Bumeister)；

57. 四斑红蝽 *Physopelta quadrigutta* Bergroth；

58. 草同缘蝽 *Homoeocerus graminis* Fabricius；

59. 黑边同缘蝽 *Homoeocerus simiolus* Distant；

60. 月肩奇缘蝽 *Dereteryx lunata* (Distant)

云南核桃害虫成虫背面观图版（6）

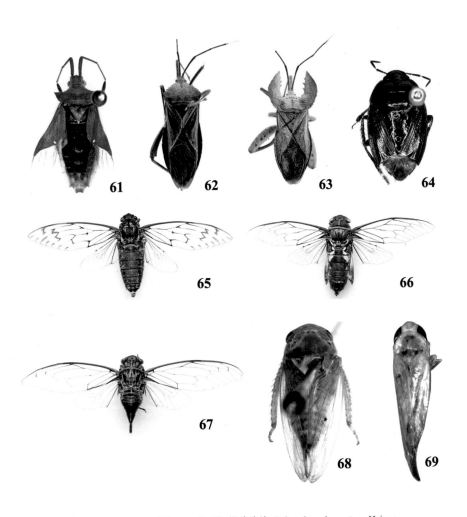

61. 黑须棘缘蝽 *Cletus punctulatus* Westwood;　62. 锈赭缘蝽 *Ochrochira ferruginea* Hsiao;

63. 肩异缘蝽 *Pterygomia humeralis* Hsiao;　64. 大鳖土蝽 *Adrisa magna* Uhler;

65. 螗蝉 *Pomponia linearis* (Walker);　66. 皱瓣马蝉 *Platylomia radha* (Distant);

67. 狭瓣毗瓣蝉 *Haphsa bindusara* (Distant);　68. 叉茎长突叶蝉 *Batracomorphus geminatus* (Li et Wang)

69. 假眼小绿叶蝉 *Empoasca vitis* (Gothe)

云南核桃害虫成虫背面观图版（7）

70. 核桃黑斑蚜 *Chromaphis juglandicola* Kaltanbach；
71. 褐圆蚧 *Chrysomphalus aonidum* (Linnaeus)；
72. 草履蚧 *Drosicha contrahens* (Walker)；
73. 吹绵蚧 *Icerya purchasi* (Maskell)；
74. 巨绵蜡蚧 *Megapulvinaria* sp.；
75. 蚁粉蚧 *Formicococcus* sp.；
76. 桃剑纹夜蛾 *Acronicta incretata* Hampson；
77. 胡桃豹夜蛾 *Sinna extrema* (Walker)；
78. 六星黑点蠹蛾 *Zeuzer leuconotum* Butler；
79. 咖啡黑点蠹蛾 *Zeuzera coffeae* Nietner；
80. 芳香木蠹蛾 *Cossus cossus* Linnaeus；
81. 褐边绿刺蛾 *Parasa consocia* Walker；
82. 双齿绿刺蛾 *Parasa hilarata* Staudinger；
83. 黄刺蛾 *Cnidocampa flavescens* (Walker)；
84. 褐点粉灯蛾 *Alphaea phasma* (Leech)

云南核桃害虫成虫背面观图版（8）

85. 黄掌舟蛾 *Phalera fuscescens* Butler；
86. 核桃美舟蛾 *Uropyia meticulodina* (Oberthur)；
87. 樗蚕蛾 *Philosamia Cynthia* Walker et Felder；
88. 樟蚕蛾 *Eriogyna pyretorum* Westwood；
89. 鹰翅天蛾 *Oxyambulyx ochracea* (Butler)；
90. 枫杨鹰天蛾 *Oxyambulyx schauffelbergeri* (Bremer et Grey)；
91. 柿星尺蛾 *Percnia giaffata* (Guenee)；
92. 木橑尺蛾 *Culcula panterinaria* Bremer & Grey
93. 桃蛀螟 *Dichocrocis punctiferalis* Guenee；
94. 异色瓢虫 *Harmonia axyridis* (Pallas)；
95. 十四星裸瓢虫 *Calvia quatuordecimguttata* (Linnaeus)；
96. 四斑裸瓢虫 *Calvia muiri* (Timberlake)；
97. 翠豆裸瓢虫 *Calvia albida* Bielawski

云南核桃天敌昆虫成虫背面观图版（9）

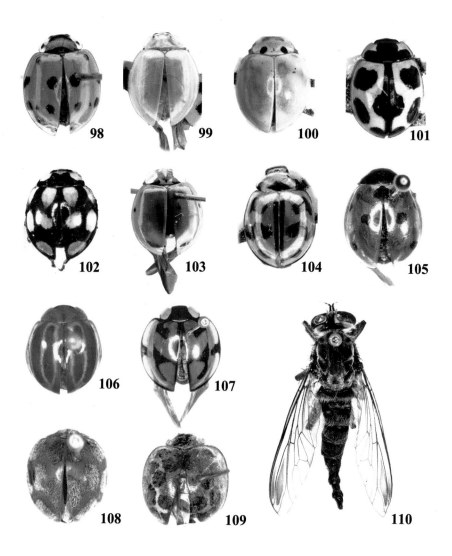

98. 日本丽瓢虫 Callicaria Crotch (Mulsant)；
99. 白条菌瓢虫 Macroilleis hauseri (Mader)；
100. 狭叶菌瓢虫 Illeis confusa Timberlake；
101. 龟纹瓢虫 Propylea japonica (Thunberg)；
102. 黄室龟瓢虫 Propylea luteopustulata (Mulsant)；
103. 团聚丽瓢虫 Adalia conglomerata Linneaus；
104. 狭臀瓢虫 Coccinella transversalis Fabricius；
105. 七星瓢虫 Coccinella septempunctata Linnaeus；
106. 细纹裸瓢虫 Bothrocalvia albolineata (Gyllenhal)；
107. 六斑异瓢虫 Aiolocaria hexaspilota (Hope)；
108. 勐遮食植瓢虫 Epilachna paramagna；
109. 马铃薯瓢虫 Henosepilachna vigintioctomaculata；
110. 中华盗虻 Cophinopoda chinensis Fabricius

主要参考文献

蔡荣权，1979.中国经济昆虫志（第十六册 鳞翅目 舟蛾科）[M].北京：科学出版社.

丁建云，谷天明，贾峰勇，2008.果园灯下常见昆虫原色图谱[M].北京：中国农业出版社.

方承莱，1985.中国经济昆虫志（第三十三册 鳞翅目 灯蛾科）[M].北京：科学出版社.

高智辉，王云果，翟梅枝，2012.核桃病虫害及防治技术[M].杨凌：西北农林科技大学出版社.

姬生锋，胡姓娃，刘文瑞，等，2004.核桃主要病虫害综合防治技术[J].陕西林业科技，(4): 68-69.

嵇保中，刘曙雯，张凯，2011.昆虫学基础与常见种类识别[M].北京：科学出版社.

季梅，刘宏屏，毋亚梅，等，2011.云南省核桃害虫种类及其防治措施[J].云南林业科技，30(2): 49-52.

李丽莎，2009.云南天牛[M].昆明：云南科技出版社.

李如飞，2007.核桃主要病虫害综合防治[J].云南农业科技，4:51-52.

李湘涛，2006.昆虫博物馆[M].北京：时事出版社.

刘广瑞，1997.中国北方常见金龟子彩色图鉴[M].北京：中国林业出版社.

刘敏，高翠霞，王晓斌，2009.核桃主要虫害的发生及防治[J].现代农业科技，15:177-181.

庞虹，2002.瓢虫科分类研究的现状[J].应用昆虫学报，39(1):17-22.

任顺祥，王兴民，等，2009.中国瓢虫原色图鉴[M].北京：科学出版社.

宋梅亭，冯玉增，2015.核桃病虫害诊断原色图谱[M].北京：科学技术文献出版社.

孙益知，2009.核桃病虫害防治新技术[M].北京：金盾出版社.

王直诚，2013.中国天牛图志（基础篇）上卷[M].北京：科学技术文献出版社.

王直诚，2013.中国天牛图志（基础篇）下卷[M].北京：科学技术文献出版社.

郗荣庭，张毅萍，1992.中国核桃[M].北京：中国林业出版社.

萧采瑜，1977.中国蝽类昆虫鉴定手册（半翅目异翅亚目·第一册）[M].北京：科学出版社.

萧采瑜，1981. 中国蝽类昆虫鉴定手册（半翅目异翅亚目·第二册）[M]. 北京：科学出版社.

徐公天，杨志华，2007. 中国园林害虫 [M]. 北京：中国林业出版社.

徐志华，郭书彬，彭进友，2013. 小五台山昆虫资源（第一卷）[M]. 北京：中国林业出版社.

杨晖，王宇萍，牟周存，2002. 核桃树病虫害调查与防治对策 [J]. 陕西林业科技，(1):61-62.

杨星科，2004. 广西十万大山地区昆虫 [M]. 北京：中国林业出版社.

杨源，2001. 云南核桃 [M]. 昆明：云南科技出版社.

伊洪伟，王进，代正林，2013. 核桃主要病虫害及其防治新技术 [J]. 南方农业，(11):38-40.

易传辉，和秋菊，2010. 云南常见昆虫图记 [M]. 昆明：云南科技出版社.

易传辉，和秋菊，王琳，等，2015. 云南蛾类生态图鉴（Ⅰ）[M]. 昆明：云南科技出版社.

易传辉，和秋菊，王琳，等，2015. 云南蛾类生态图鉴（Ⅱ）[M]. 昆明：云南科技出版社.

虞国跃，2008. 瓢虫 [M]. 北京：化学工业出版社.

虞国跃，2010. 中国瓢虫亚科图志 [M]. 北京：化学工业出版社.

张巍巍，2007. 常见昆虫野外识别手册 [M]. 重庆：重庆大学出版社.

张巍巍，2014. 昆虫家谱 [M]. 重庆：重庆大学出版社.

张雅林，1990. 中国叶蝉分类研究 [M]. 杨凌：天则出版社.

章士美，1980. 中国经济昆虫志（第三十一册 半翅目 1）[M]. 北京：科学出版社.

章士美，1980. 中国经济昆虫志（第三十一册 半翅目 2）[M]. 北京：科学出版社.

赵养昌，陈元清，1980. 中国经济昆虫志（第二十册 鞘翅目象虫科（一））[M]. 北京：科学出版社.

周尧，雷仲仁，1997. 中国蝉科志 [M]. 杨凌：天则出版社.